职业教育课程改革规划新教材

单片机技术项目教程

主　编　徐　萍

副主编　张晓强

参　编　刘美玉　吴宽昌　雷怡然　朱玉超

主　审　王　波

机械工业出版社

本书适用于项目教学，学生通过12个实训项目的练习，能够逐步掌握单片机的I/O口、指令系统、定时/计数器、中断系统、存储器扩展、I/O扩展、串口通信、A/D转换、D/A转换等知识和相关操作技能。项目的设置遵从知识积累、技能形成的客观规律，项目平行排列，但知识点逐层累加，技能点逐步拓展。每个项目都含有必要的理论知识，重点在于对学生技能操作进行指导，可操作性强。书中附有大量的应用实例及程序，非常适合读者轻松阅读。

本书可作为职业学校、电类专业教学用书，也可作为相关工程技术人员的参考用书及培训、认证教材。

为方便教学，本书配有免费电子教案，凡选用本书作为授课教材的学校均可来电索取，联系电话：010-88379195，也可登录 www.cmpedu.com下载。

图书在版编目（CIP）数据

单片机技术项目教程/徐萍主编．—北京：机械工业出版社，2009.7（2013.8重印）

职业教育课程改革规划新教材

ISBN 978-7-111-27136-9

Ⅰ.单… Ⅱ.徐… Ⅲ.单片微型计算机-专业学校-教材 Ⅳ.TP368.1

中国版本图书馆CIP数据核字（2009）第075980号

机械工业出版社（北京市百万庄大街22号 邮政编码100037）

策划编辑：张值胜 责任编辑：高 倩

版式设计：霍永明 责任校对：刘怡丹

封面设计：马精明 责任印制：乔 宇

北京汇林印务有限公司印刷

2013年8月第1版第4次印刷

184mm×260mm·11.5印张·278千字

7001—9000册

标准书号：ISBN 978-7-111-27136-9

定价：25.00元

凡购本书，如有缺页、倒页、脱页、由本社发行部调换

电话服务

社服务中心：（010）88361066

销售一部：（010）68326294

销售二部：（010）88379649

读者购书热线：（010）88379203

网络服务

门户网：http://www.cmpbook.com

教材网：http://www.cmpedu.com

封面无防伪标均为盗版

前　言

单片机技术作为嵌入式计算机控制系统的重要技术，已经越来越受到各个应用领域的重视，尤其对于直接面向企业的职业院校，掌握单片机技术已经成为机电技术应用、电气控制、数控技术、电子信息、计算机应用等专业学生的基本技能要求。近年来举办的各种规模的中等职业学校技能大赛，几乎都设立了单片机相关的比赛项目，这对中等职业学校的单片机教学提出了更高的要求。

单片机技术是一门理论与实践结合较强的技术，目前有关单片机的教材大多偏重理论，在应用性项目的介绍方面比较薄弱，很多教学一线教师在教授单片机课程时，总感觉没有合适的实践项目供学生学习或训练，本书正是在这一背景下产生的。作者根据自己多年在单片机教学以及企业培训的经验，并结合当前以就业为导向的职业教育特点，在结构形式上采用项目式教学法，内容上紧跟现代工业自动化技术的发展现状，通过翔实可行的实训项目，讲述单片机的控制电路、指令系统、各功能模块的典型应用案例，着重阐明项目设计实施的方法及步骤。

书中的项目都来源于我们的日常生产、生活实际，且结合教学需求精心组织，每个项目都包括“项目目标”、“项目任务”、“项目分析”、“项目实施”、“知识点链接”、“项目测试”、“项目评估”等模块，既保证了理论知识的层次性、系统性，又具有较强实践培训特点，重点培养和训练学习者的学习能力、操作能力、应用设计能力、岗位工作能力，对学生走上工作岗位并适应岗位有一定的帮助作用。

全书通过 12 个应用项目，讲述了 MCS—51 系列单片机的 I/O 口、指令系统、中断系统、存储器扩展、I/O 扩展、定时/计数器、串口通信、A/D 转换、D/A 转换等知识点，并结合实际项目进行了综合应用。

此外，书中设计了相应的基础知识测试和拓展能力测试内容，附录列出了与单片机技术应用有关的指令符号及含义、指令表、ASCII 码字符表、单片机仿真软件、Keil 51 的使用。

本书全部项目的参考学时数为 72 学时。理论知识授课约 24 学时，实训室授课约 48 学时。各院校可以根据各自专业教学的要求和实验室配置对内容进行取舍。

本书由徐萍、张晓强、刘美玉、吴宽昌、雷怡然、朱玉超等共同完成本书的编写工作。徐萍任主编，负责全书的统稿工作。本书由济南电子机械工程学校的王波老师审稿，他为本书质量的进一步提高提出了宝贵的意见和建议。在本书的编写过程中，得到了山东省教学研究室、济南电子机械工程学校领导及山东省商贸学校领导的鼎力支持，他们对本教材的编写体系及内容提出了许多宝贵意见，并提供了大量的资料，在此一并表示感谢。

由于编者水平有限，书中难免存在错误和疏漏，恳请广大读者批评指正。

编　者

目　录

绪　论

世界上第一台计算机于 1946 年问世后，在相当长的时间内，计算机技术都是以提高计算速度和处理能力为目标而发展的。随着单片机的出现，使计算机进入到智能化控制领域，从此，计算机技术在两个重要领域——通用计算机领域和嵌入式计算机领域都得到了极其重要的发展。

一、认识单片机

图 0-1 是单片机控制霓虹灯电路的实物连接图。当接通电源后，8 个发光二极管将在单片机的控制下，从上到下依次循环点亮，呈现霓虹灯的控制效果。

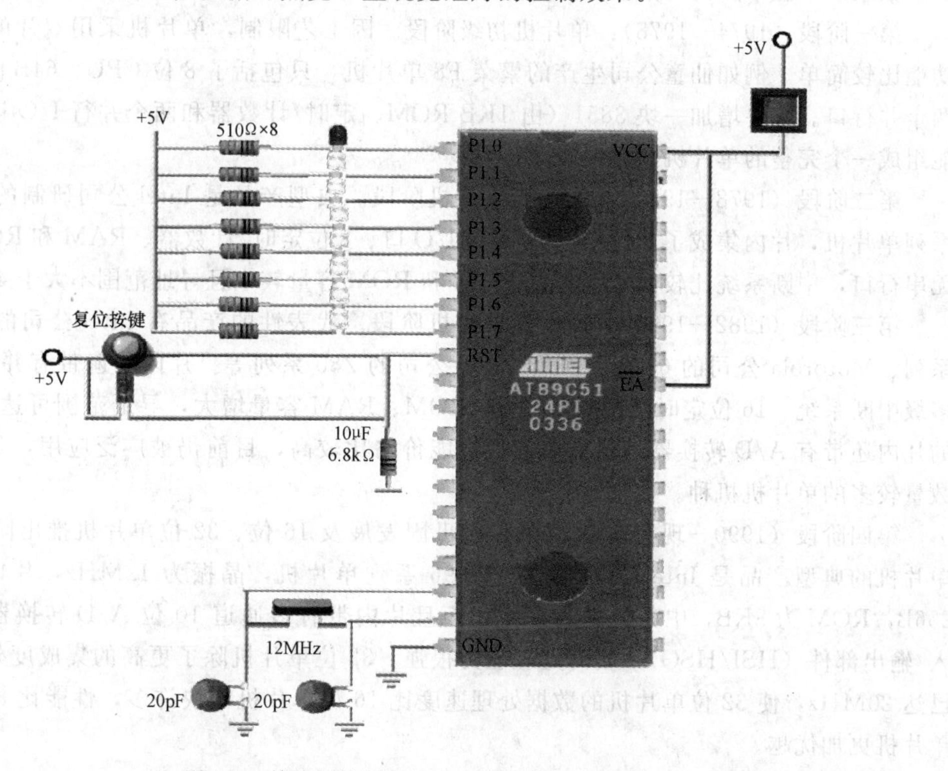

图 0-1　单片机控制霓虹灯电路的实物连接图

从图中可以看出，除了常用的电阻器、电容器、发光二极管、按键外，还有一块用于实现程序控制的电子芯片——单片机芯片 AT89C51。单片机芯片既能存储程序又能执行程序，既能输出控制信号又能接收外界的信号，具备了计算机的基本功能。

通过以上分析我们可以认识到，单片机与微型计算机有相似之处。而从单片机呈现给用户的外部特征来看，单片机产品仅是一块集成电路芯片，即它的所有功能部件都集成在一块芯片上，所以称之为单片机（Single-Chip Microcomputer）。图 0-2 给出了几种常见的单片机芯片外形。

单片机就是把中央处理器（Central Processing Unit，CPU）、数据存储器（Random Access Memory，RAM）、程序存储器（Read Only Memory，ROM）、定时/计数器以及输入/输出（Input/Output，I/O）接口电路等主要功能部件集成在一块集成电路芯片上的微型计算机。

图 0-2 常见单片机芯片

二、单片机的发展概况

1970 年微处理器研制成功之后，随后就出现了单片机。1971 年美国 Intel 公司生产的 4 位单片机 4004 和 1972 年生产的 8 位单片机雏型 8008，特别是 1976 年 9 月 Intel 公司的 MCS—48 系列单片机问世以来，在三十几年间，经历了多次更新换代，其发展速度约为每二三年要更新一代、集成度增加一倍、功能翻一番。

如果以 8 位单片机的推出作为起点，单片机的发展历史大致可分为四个阶段：

第一阶段（1974—1978）：单片机初级阶段。因工艺限制，单片机采用双片的形式而且功能比较简单。例如仙童公司生产的繁荣 F8 单片机，只包括了 8 位 CPU、64B 的 RAM 和两个并行口。需要增加一块 3851（由 1KB ROM、定时/计数器和两个并行 I/O 口构成）才能组成一个完整的单片机系统。

第二阶段（1978—1982）：低性能单片机阶段。典型产品是 Intel 公司研制的 MCS—48 系列单片机，片内集成了 8 位 CPU、并行 I/O 口、8 位定时/计数器、RAM 和 ROM 等，但无串行口，中断系统比较简单，片内 RAM 和 ROM 容量较小且寻址范围不大于 4KB。

第三阶段（1982—1990）：高性能单片机阶段。代表性的产品有 Intel 公司的 MCS—51 系列、Motorola 公司的 6801 系列和 Zilog 公司的 Z80 系列等。片内普遍带有并行 I/O 口、多级中断系统、16 位定时/计数器，片内 ROM、RAM 容量增大，寻址范围可达 64KB，有的片内还带有 A/D 转换器。这类单片机性能价格比较高，目前仍被广泛应用，是当今应用数量较多的单片机机种。

第四阶段（1990—现在）：8 位单片机巩固发展及 16 位、32 位单片机推出阶段。16 位单片机的典型产品是 Intel 公司的 MCS—96 系列单片机，晶振为 12MHz，片内 RAM 为 256B，ROM 为 8KB，中断处理为 8 级，而且片内带有多通道 10 位 A/D 转换器和高速输入/输出部件（HSI/HSO），实时处理能力很强。32 位单片机除了更高的集成度外，其晶振已达 20MHz，使 32 位单片机的数据处理速度比 16 位单片机增快许多，性能比 8 位、16 位单片机更加优越。

三、单片机的硬件结构和软件环境

1. MCS—51 系列单片机结构及组成

MCS—51 系列单片机属于总线结构。一块单片机芯片包括：中央处理器（CPU）、数据存储器（RAM）、程序存储器（ROM）、定时/计数器及外围电路。图 0-3 所示为 MCS—51 系列单片机结构框图。

2. MCS—51 系列单片机引脚分配

MCS—51 系列单片机芯片共有 40 根引脚，采用双列直插的封装形式，引脚按功能可以

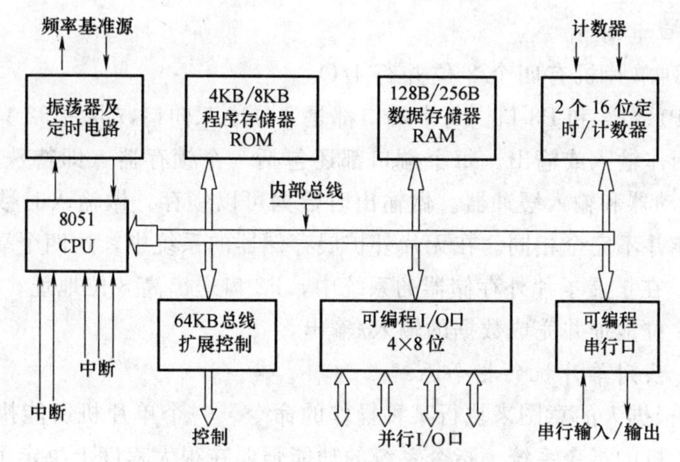

图 0-3　MCS—51 系列单片机结构框图

分为四类：电源、时钟、控制和 I/O 引脚。图 0-4 是以芯片 AT89C51 为例给出的 MCS—51 系列单片机引脚排列及功能分类图。

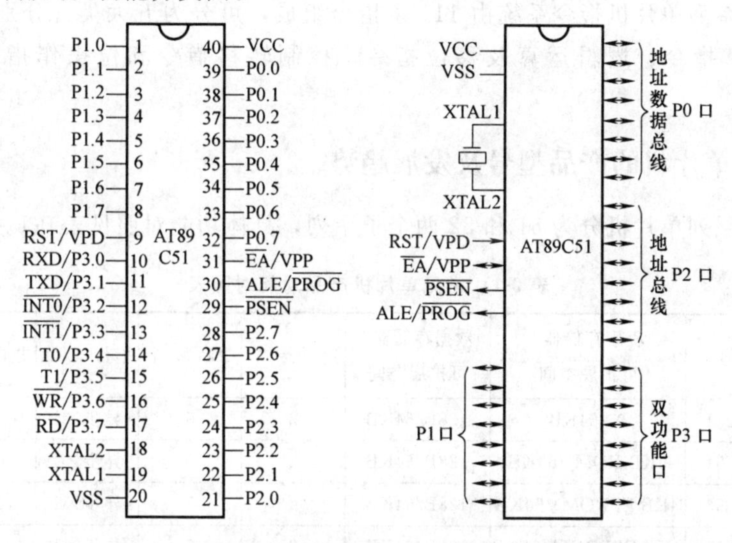

图 0-4　MCS—51 系列单片机引脚排列及功能分类图

3. MCS—51 系列单片机存储器的结构

MCS—51 系列单片机的存储器在物理结构上分为程序存储器（ROM）空间和数据存储器（RAM）空间，根据位置不同共有四个存储空间：片内程序存储器和片外程序存储器空间、片内数据存储器和片外数据存储器空间，这种程序存储器和数据存储器分开的结构形式，称为哈佛结构。如果从逻辑结构的角度分，MCS—51系列单片机存储器空间又可分为三类，即片内片外统一编址的程序存储器、片内数据存储器和片外数据存储器，如图 0-5 所示。

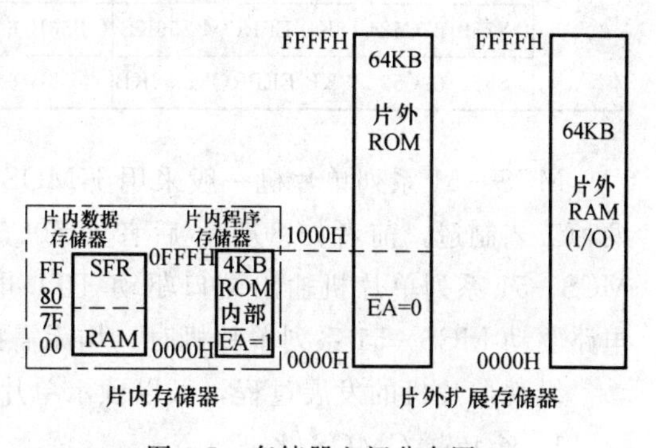

图 0-5　存储器空间分布图

4. 并行I/O口电路

MCS—51系列单片机有四个8位并行I/O端口，称为P0、P1、P2和P3口。每个端口都是8位准双向口，共占32只引脚。每一条I/O线都能独立地用作输入或输出。每个端口都还包括一个锁存器（即特殊功能寄存器P0～P3）、一个输出驱动器和输入缓冲器。做输出时数据可以锁存，做输入时数据可以缓冲，但这四个通道的功能并不完全相同。在无片外扩展存储器的系统中，这四个端口都可以作为准双向I/O口使用。在扩展了片外存储器的系统中，P2口送出高8位地址；P0口作为双向总线，分时送出低8位地址并完成数据的输入/输出。

5. MCS—51系列单片机的指令系统

指令是CPU根据人的意图来执行某种操作的命令。一个单片机所能执行的全部指令的集合称为这个单片机的指令系统。指令系统的功能强弱在很大程度上决定了这种单片机智能的高低。MCS—51系列单片机指令系统功能很强大，例如，它有乘、除法指令，丰富的条件转移类指令等，并且使用方便、灵活。

MCS—51系列单片机指令系统由111条指令组成，可分为五大类，分别是：数据传送指令、算术运算指令、逻辑运算及移位指令、控制转移指令和位操作指令（或布尔操作指令）。

四、常见单片机的产品型号及发展趋势

MCS—51系列单片机分为51和52两个子系列，具体功能对照见表0-1。

表0-1 常见单片机产品功能对照表

子系列	型号	程序存储器/可扩展空间	数据存储器/可扩展空间	定时器/个	中断源/个	串行口/个	并行口/个	晶振/MHz
51	8031/80C31	0 /64KB	128B/64KB	2	5	异步×1	4×8	2～12
	8051/80C51	4KB ROM /60KB	128B/64KB	2	5	异步×1	4×8	2～12
	8751/87C51	4KB EPROM /60KB	128B/64KB	2	5	异步×1	4×8	2～12
	8951/89C51	4KB EEPROM/60KB	128B/64KB	2	5	异步×1	4×8	2～12
52	8032/80C32	0 /64KB	256B/64KB	3	6	异步×1	4×8	2～12
	8052/80C52	8KB ROM /56KB	256B/64KB	3	6	异步×1	4×8	2～12
	8752/87C52	8KB EPROM /56KB	256B/64KB	3	6	异步×1	4×8	2～12
	8952/89C52	8KB EEPROM/56KB	256B/64KB	3	6	异步×1	4×8	2～12

MCS—51系列单片机一般采用HMOS（高密度NMOS）和CHMOS（高密度CMOS）两种工艺制造，前者如8051，后者如80C51，它们的逻辑电平与TTL电路兼容，所以用MCS—51系列单片机输出端口驱动TTL电路或CMOS电路，或者用TTL电路或CMOS电路驱动MCS—51系列单片机时，均无需接口电路，可以直接相连。

纵观单片机的发展过程，可以预示单片机的发展趋势，大致有以下几方面。

1. 低功耗CMOS化

MCS—51系列单片机系列的8031推出时的功耗达630mW，而现在的单片机普遍都在

100mW 左右，随着对单片机功耗要求越来越低，现在的各个单片机制造商基本都采用 CMOS（互补金属-氧化物半导体工艺）。例如 80C51 就采用 HMOS（即高密度金属氧化物半导体工艺）和 CHMOS（互补高密度金属氧化物半导体工艺）。CMOS 虽然功耗较低，但由于其物理特征决定了其工作速度不够高，而 CHMOS 则具备了高速和低功耗的特点，更适合于在要求低功耗比如电池供电的场合应用。所以这种工艺将是今后一段时期单片机发展的主要方向。

2. 微型单片化

现在常规的单片机普遍都是将中央处理器（CPU）、数据存储器（RAM）、程序存储器（ROM）、并行接口和串行通信接口、中断系统、定时电路、时钟电路集成在一块芯片上，增强型的单片机集成了如 A/D 转换器、PWM（脉宽调制电路）、WDT（看门狗）技术，有些单片机将 LCD（液晶）驱动电路都集成在芯片上，这样单片机包含的单元电路就更多，功能就更强大。单片机厂商甚至还可以根据用户的要求量身订做，制造出具有自己特色的单片机芯片。现在的许多单片机都具有多种封装形式，其中 SMD（表面封装）越来越受欢迎，使得由单片机构成的系统正朝微型化方向发展。

3. 主流与多品种共存

虽然现在单片机的品种繁多且各具特色，但目前以 80C51 为核心的单片机仍占主流，兼容其结构和指令系统的有 PHILIPS、ATMEL 和中国台湾的 Winbond 系列单片机。而 Microchip 公司的 PIC 精简指令集（RISC）也有着强劲的发展势头，近年来中国台湾 HOLTEK 公司的单片机产量也与日俱增，以其低价质优的优势，占据了一定的市场份额，此外还有 Motorola 公司及日本几大公司的专用单片机等。在一定的时期内，不可能出现某种品牌的单片机一统天下的垄断局面，依存互补、相辅相成、共同发展仍然是主流发展方向。

鉴于 MCS—51 系列单片机在单片机中的基础性地位，本书将以 MCS—51 系列单片机和 AT89C51 作为介绍对象，前者泛指 MCS—51 系列单片机，后者特指 AT89C51 芯片。

五、单片机的应用

单片机作为目前应用比较典型的嵌入式控制系统，推动了嵌入式系统的发展。又由于它具有良好的控制性能、体积小、性价比高、配置形式丰富，在各个领域都获得了极为广泛的应用。这里仅介绍单片机的几个典型应用领域。

1. 单片机在家用电器中的应用

家用电器诸如电视机、录像机、洗衣机、电风扇和空调机等均已普遍采用了单片机或专用单片机集成电路控制器。随着家用电器的功能日趋复杂化和节能化，单片机在家用电器中的应用前景将更加广阔。

2. 单片机在机电一体化中的应用

机电一体化是机械工业发展的方向。机电一体化产品是指集机械技术、微电子技术、自动化技术和计算机技术于一体，具有智能化特征的机电产品，例如：汽车电子系统、微机控制的机床等。单片机的出现促进了机电一体化技术的发展，它作为机电产品中的控制器，大大强化了机器的功能，提高了机器的自动化、智能化程度。

3. 单片机在仪器仪表中的应用

仪器仪表是单片机广泛应用的领域。目前常将具有单片机的仪器仪表称为智能仪器仪表，智能仪器仪表最主要的特点是提高了测量精度和测量速度，改善了人—机界面，简化了操作。许多智能仪器仪表还能自动完成校正、补偿、测量值的误差分析和处理、对测量值进行各种数学运算、标准变换等，使输出的数据与被测量值直接对应，有的还可以存储、联网等。

4. 单片机在实时测控系统中的应用

在工业控制系统中，单片机被广泛地应用于各种实时检测与控制系统中，例如温度、湿度、压力、液体液位等信号的采集与控制，使系统工作于最佳状态，提高了系统的生产效率和产品质量。在航空航天、通信、遥控、遥测等各种控制系统中，都可以看到单片机作为控制器使用的例子。

六、本课程的任务和教学要求

本书适用于项目教学的方式，通过具体的实例介绍了单片机的硬件电路设计、指令系统及程序编写，还对单片机系统开发应用的工具及步骤进行了详细的分析。本书可作为中等职业学校的学生教材和学习参考书，也可作为学习应用单片机的技术人员的参考阅读材料。

作为教材，建议以实验或者现场演练为主。学校可以根据自身的实验条件，对理论和实践课时酌情分配处理。

项目一　蜂鸣器的单片机控制

项目目标

通过单片机控制蜂鸣器鸣叫这一项目，学会分析单片机最小系统的电路结构及各部分的功能，初步学习汇编程序的编写方法，并学会运用 MOV、LJMP、SETB、CPL、DJNZ、LCALL、RET 等基本指令。

项目任务

要求应用 AT89C51 芯片，控制一只蜂鸣器鸣叫。设计单片机控制电路并编程实现此功能。

项目分析

本项目是单片机最小系统的简单应用。设计一个单片机的最小系统，利用 P1.0 引脚输出电位的变化，控制蜂鸣器的鸣叫，P1.0 引脚输出电位的变化可以通过指令来控制。

项目实施

在单片机应用中，首先应考虑硬件电路的设计，控制程序的编写和电路结构是对应的。

一、硬件电路设计

（一）设计思路

使用 AT89C51 单片机芯片（含片内程序存储器），外加振荡电路、复位电路、控制电路、电源，组成一个单片机最小系统。

对于电平驱动的蜂鸣器，只要在其正、负两极间加上合适的工作电压（1.5～5V），蜂鸣器即可鸣叫；将电压撤除，鸣叫即停止。但是蜂鸣器所需的工作电流比单片机能直接提供的电流大很多倍，因此使用一只晶体管进行电流放大。利用蜂鸣器的工作特点，结合单片机 P1 口 P1.0 引脚输出信号的状态，可以实现蜂鸣器的单片机控制。

（二）电路设计

选用的 AT89C51 芯片共有 40 个引脚，采用双列直插式封装形式。引脚及封装图如图 1-1 所示。

1. 主电源电路

VCC（40 脚）：接＋5V 电源，又称电源引脚。

GND（20 脚）：接电源负端，又称接地引脚。

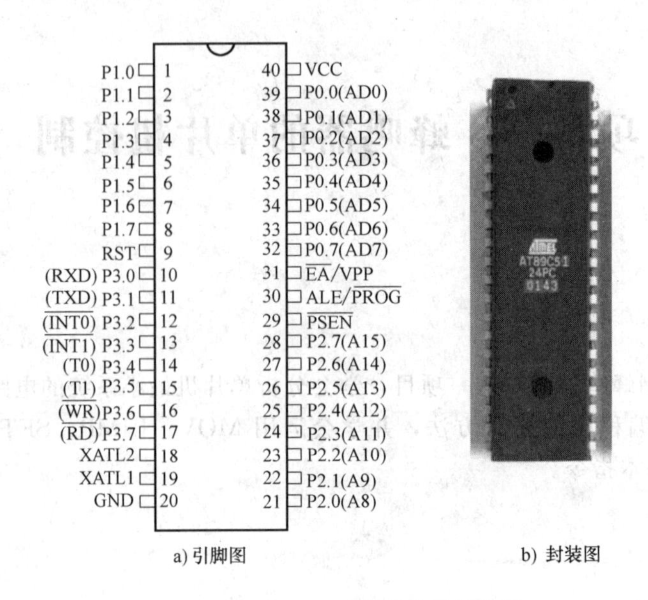

图 1-1　AT89C51 芯片引脚及封装图

2. 时钟电路

MCS—51 系列单片机时钟信号的提供有两种方式：内部方式和外部方式。

内部方式是指使用内部振荡器，这时只要在 XTAL1（19 脚）和 XTAL2（18 脚）之间外接石英晶体和微调电容器 C_1、C_2，如图 1-2a 所示，它们和 MCS—51 系列单片机的内部电路构成一个完整的振荡器，震荡频率和石英晶体的振荡频率相同。电容器 C_1 和 C_2 对频率有微调作用，选用陶瓷电容，容量取 18～47pF，典型值可取 30pF。振荡频率 f_{osc}的选择范围为 1.2～12MHz，在本项目中常选用 6MHz 或 12MHz。

当使用外部信号源为 MCS—51 系列单片机提供时钟信号时，对于 HMOS 芯片，XTAL1 接地，XTAL2 接外部时钟信号，如图 1-2b 所示。对于 CHMOS 芯片，XTAL1 接外部时钟信号，而 XTAL2 悬空，如图 1-2c 所示。

本项目采用 AT89C51 单片机芯片，使用芯片内部振荡器，因此在 XTAL2 和 XTAL1 之间外接 12MHz 石英晶体和 30pF 微调电容器 C_1、C_2 即可。

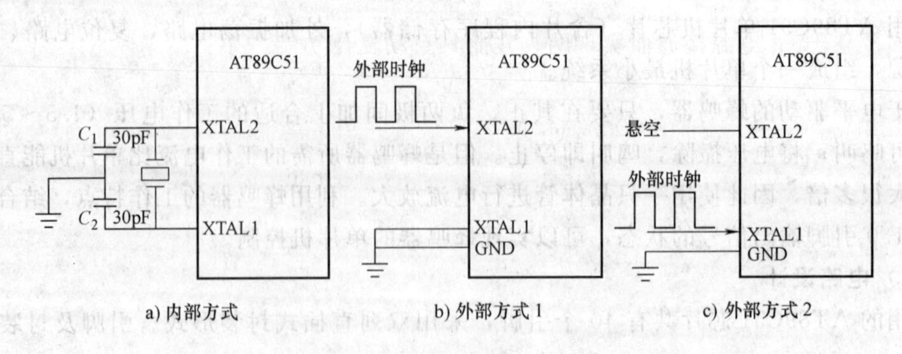

图 1-2　MCS—51 系列单片机时钟电路

3. 复位电路

复位是单片机的初始化操作，使 CPU 以及其他功能部件都处于一个确定的初始状态，

并从这个状态开始工作。除系统正常的上电（开机）外，在单片机工作过程中，如果程序运行出错或操作错误使系统处于死机状态，也必须进行复位，使系统重新启动。

复位电路的基本功能：系统上电时提供复位信号，直至系统电源稳定后，撤销复位信号。为可靠起见，电源稳定后还需要经过一定的延时才能撤销复位信号，以防电源开关或电源插头在分-合过程中引起的抖动而影响复位。RST（9 脚）为复用引脚，其中 RST（Reset）为复位操作。当 RST 端保持两个机器周期以上的高电平时，单片机执行一次复位操作。执行一次复位后，内部各寄存器的状态见表 1-1，内部数据存储器（RAM）中的数据保持不变。

表 1-1　复位后各寄存器状态（×表示取值不定）

寄存器名	内　容	寄存器名	内　容
PC	0000H	TH0	00H
ACC	00H	TL0	00H
B	00H	TH1	00H
PSW	00H	TL1	00H
SP	07H	TMOD	00H
DPTR	0000H	SCON	00H
P0～P3	FFH	SBUF	不定
IP	×××00000B	PCON（HMOS）	0×××××××B
IE	0××00000B	PCON（CHMOS）	0×××0000B
TCON	00H		

复位有上电自动复位电路和按键手动复位电路两种，如图 1-3 所示。上电自动复位（图 1-3a）是利用复位电路电容充放电来实现的；而按键手动复位（图 1-3b）是通过使 RST 端经电阻器 R 与 +5V 电源接通而实现的，它兼具自动复位功能。

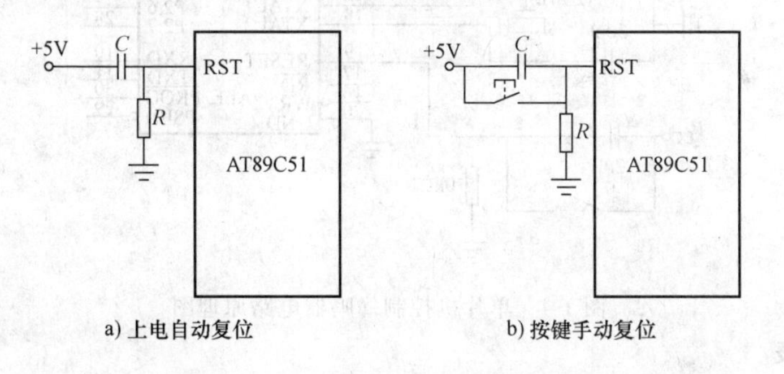

图 1-3　MCS—51 系列单片机复位电路

电路中的 R 和 C 组成一个典型的充放电电路，充放电时间 $T=1/RC$。根据理论计算结

果可知，选择时钟频率为 12MHz 时，一个机器周期是 1μs，只要 $T>2\mu s$ 就可以可靠复位。因此当选择 $R=1k\Omega$ 时，只要 $C>0.002\mu F$ 即可。但是在实际的电路中，电容的充放电都会有一段时间的延时，故在设计本项目时，选择 $R=10k\Omega$，$C=22\mu F$。

4. 控制电路

$\overline{EA}$/VPP 引脚为复用引脚，其中，$\overline{EA}$（External Access）是访问程序存储器的控制信号。当$\overline{EA}$为高电平时，CPU 访问片内程序存储器，即从片内 ROM 中取指令并执行，但当程序计数器 PC 值超过 0FFFH（4KB）时，CPU 将自动转向外部 ROM 的 1000H～FFFFH（高 60KB）中取指令。当$\overline{EA}$为低电平时，CPU 仅访问外部程序存储器。VPP 是编程电源输入，在对 E^2PROM 型单片机进行编程时，此端加 5V 的编程电压。

5. 蜂鸣器控制电路

蜂鸣器的正极通过 1kΩ 的电阻接到电源正极，负极与 NPN 型 9013 晶体管的集电极相连。当晶体管导通时，蜂鸣器负极通过晶体管接地，蜂鸣器就工作（鸣叫）。晶体管是否导通取决于基极电位，若基极电位为低电位（0），则晶体管截止；若基极电位为高电位（1），则晶体管导通。晶体管的基极通过 10kΩ 的电阻与单片机芯片 AT89C51 的 P1.0 引脚连接，因此可以通过控制 P1.0 引脚的输出信号来控制晶体管的通断。

综合以上的分析，得到图 1-4 所示的电路原理图。

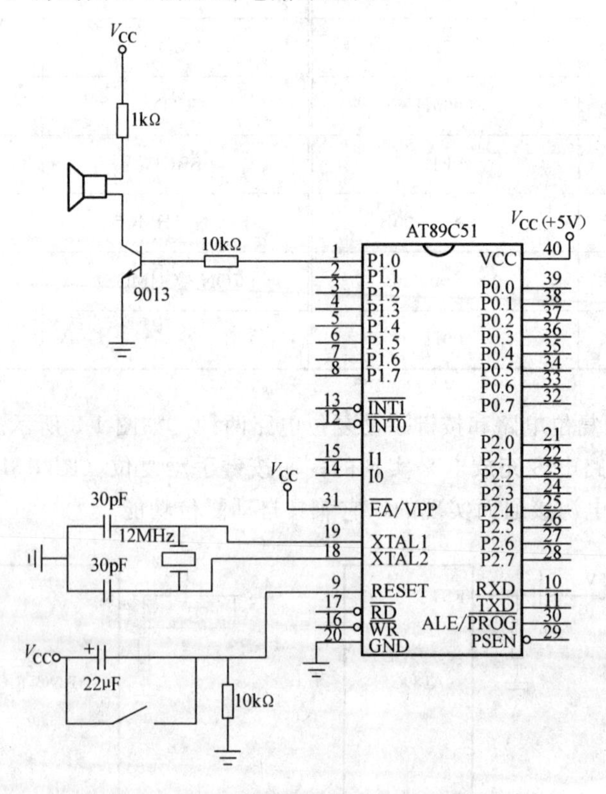

图 1-4　单片机控制蜂鸣器电路原理图

（三）材料表

从图 1-4 可以得到实现本项目所需的元器件。元器件的选择应该以满足功能要求为原则，否则会造成资源的浪费。例如单片机芯片型号的选择：本控制比较简单，所需要的程序

也不复杂，因此仅选择AT89C51芯片（片内有4KB程序存储器和128B的数据存储器）即可。查电子元器件手册，可以得到按键、晶振、电容、晶体管、蜂鸣器等元器件的型号。选用的元器件参数见表1-2。

表1-2　元器件清单

<table>
<tr><th>序　号</th><th>元器件名称</th><th>元器件型号</th><th>元器件数量</th><th>备　注</th></tr>
<tr><td>1</td><td>单片机芯片</td><td>AT89C51</td><td>1片</td><td>DIP封装</td></tr>
<tr><td>2</td><td>蜂鸣器</td><td></td><td>1只</td><td>电磁式</td></tr>
<tr><td>3</td><td>晶体管</td><td>9013</td><td>1只</td><td></td></tr>
<tr><td>4</td><td>晶振</td><td></td><td>1只</td><td>12MHz</td></tr>
<tr><td rowspan="2">5</td><td rowspan="2">电容</td><td>30pF</td><td>2只</td><td>瓷片电容</td></tr>
<tr><td>22μF</td><td>1只</td><td>电解电容</td></tr>
<tr><td rowspan="2">6</td><td rowspan="2">电阻</td><td>1kΩ</td><td>1只</td><td>碳膜电阻</td></tr>
<tr><td>10kΩ</td><td>2只</td><td>碳膜电阻</td></tr>
<tr><td rowspan="2">7</td><td rowspan="2">按键</td><td></td><td>1只</td><td>无自锁</td></tr>
<tr><td></td><td>1只</td><td>带自锁</td></tr>
<tr><td>8</td><td>40脚IC座</td><td></td><td>1片</td><td>用于安装AT89C51芯片</td></tr>
<tr><td>9</td><td>导线</td><td></td><td>若干</td><td></td></tr>
</table>

二、软件程序设计

（一）绘制程序流程图

本控制使用简单程序设计中的顺序结构形式实现，程序结构流程图如图1-5所示。

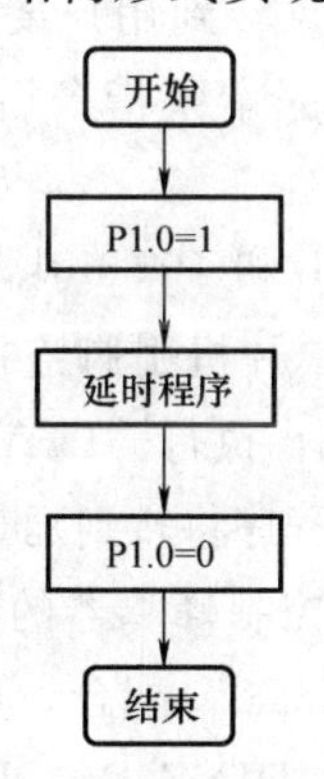

图1-5　蜂鸣器控制程序结构流程图

（二）编制汇编源程序

1. 参考程序清单

标号	源程序		指令意义（注释）
	操作码	操作数	
	ORG	0000H	；伪指令，指明程序从 0000H 单元开始存放
	LJMP	MAIN1	；控制程序跳转到“MAIN1”处执行
	ORG	0100H	；程序从 0100H 单元开始
MAIN1：	SETB	P1.0	；位操作指令，使 P1.0 引脚输出高电位
	LCALL	DELAY	；调用 DELAY（延时）程序
	CPL	P1.0	；将 P1.0 引脚的输出电位取反
	LCALL	DELAY	；调用 DELAY（延时）程序
	LJMP	MAIN1	；控制程序跳转到“MAIN1”处执行
	ORG	0F00H	；指明程序从 0F00H 单元开始存放
DELAY：	MOV	R7，#10	；延时程序，将立即数 10 送通用寄存器 R7
D0：	MOV	R6，#100	；将立即数 100 送通用寄存器 R6
D1：	MOV	R5，#200	；将立即数 200 送通用寄存器 R5
D2：	DJNZ	R5，D2	；根据 R5 减 1 后的内容判断程序执行方向
	DJNZ	R6，D1	；根据 R6 减 1 后的内容判断程序执行方向
	DJNZ	R7，D0	；根据 R7 减 1 后的内容判断程序执行方向
	RET		；子程序返回指令
	END		；程序结束标记

2. 程序执行过程

单片机上电或执行复位操作后，程序都将回到初始位置 0000H 单元开始执行。由于程序存储器的 0003H～002AH 单元设置为中断程序的入口地址，建议不要将用户程序存放在此地址中，因此一般要先跳过此地址段，转到用户要执行的程序位置。“LJMP MAIN1”指令即可完成此操作，使得程序可以执行完本条指令后就跳转到主程序（MAIN1）处执行用户编写的程序。

程序执行完“SETB P1.0”后，单片机 P1.0 引脚输出置“1”，即输出高电位。此时由于晶体管基极通过 10kΩ 的限流电阻与单片机引脚连接，所以晶体管导通，蜂鸣器发声。

为了能清楚地分辨蜂鸣器的发声情况，执行“LCALL DELAY”，调用延时子程序，以维持蜂鸣器发声的状态。执行完此条指令后，程序将转到延时子程序处，即 0F00H 单元开始执行。

“DELAY”程序段是延时程序，以控制蜂鸣器的鸣叫时间。指令“MOV R7，#10”是给工作寄存器 R7 赋值，与“DJNZ R7，D0”配合，可以控制指令执行的次数以控制延时时间。接下来的“MOV R6，#100”与“DJNZ R6，D1”、“MOV R5，#200”与“DJNZ R5，D2”作用相同。

[注意] 延时时间的算法将在项目二中介绍。

（三）汇编指令学习

1. 数据传送指令（MOV）

这类指令是数据传送指令中的一部分，指令中的源操作数和目的操作数的地址都在单片

机内部数据存储器（RAM）中。下面学习第一组，以寄存器 Rn 为目的地址的指令。

汇编指令	指令功能
MOV Rn，#data	将 8 位立即数送入当前寄存器组的 Rn 寄存器中
MOV Rn，A	将累加器 A 中的内容送入当前寄存器组的 Rn 寄存器中
MOV Rn，direct	将直接地址单元中的内容送入当前寄存器组的 Rn 寄存器中

这一组指令中的 Rn 是当前工作寄存器组 R0～R7 中的某一个寄存器。

［注意］**寄存器 Rn 之间不能进行直接的数据传送。要实现相关操作，必须找一个中间单元进行。**

［**例 1-1**］要将 R4 的内容传送到 R1，如何实现？

解：可以按如下方法实现

```
MOV   A，R4
MOV   R1，A
```

2. 控制转移指令（LJMP、DJNZ）

（1）无条件转移指令（LJMP）

汇编指令	指令功能
LJMP　addr16	将 16 位地址数送入程序计数器 PC 中，以改变程序的执行方向

本条指令中，由于直接提供要转移去的 16 位目的地址，所以执行这条指令可使程序转向 64KB 程序存储器地址空间的任何单元。

［注意］**在实际编写源程序时，往往不能事先确定转移去的目标程序存放的单元地址，因此一般以要转移去的目标程序处的标号取代 16 位地址数。在编译及执行程序时是一样的。**

［**例 1-2**］分析以下程序的执行顺序。

标号	操作码	操作数
	LJMP	M1
M0：	LJMP	M2
M1：	LJMP	M0
M2：	LJMP	M2

解：程序执行顺序为 M1→M0→M2。

（2）条件转移指令（DJNZ）

汇编指令		指令功能
DJNZ	Rn，rel	将通用寄存器 Rn 中的内容减 1，判断结果是否为 0
		若（Rn）－1＝0，则程序顺序向下执行
		若（Rn）－1≠0，则程序转移
DJNZ	direct，rel	将 direct 单元中的内容减 1，判断结果是否为 0
		若（direct）－1＝0，则程序顺序向下执行
		若（direct）－1≠0，则程序转移

本类指令也称为循环指令，其中给出的 rel 是 8 位二进制带符号数的补码形式，取值范围是−128～127，它是相对本条指令地址的偏移量。本指令的转移范围是以当前 PC 值为基准点的 256B 地址范围，即

目标地址＝当前 PC 值＋rel

当 rel 的值为负数时，程序向上转移；当 rel 的值为正数时，程序向下转移。

［注意］在实际编写源程序时，只有当前 PC 值和目标地址确定后，才能通过计算得到 rel 的数值，其计算公式为

rel＝目标地址－当前 PC 值

当不能事先确定转移去的目标程序存放的单元地址时，也以要转移去的目标程序处的标号取代 rel 的数值。在编译及执行程序时是一样的。

［**例 1-3**］分析以下程序的执行顺序。

标号	操作码	操作数
MAIN：	MOV	R4，#01H
MAIN1：	DJNZ	R4，M1
M0：	DJNZ	R4，M2
M1：	MOV	R4，#0FFH
M2：	MOV	R4，#00H

解：程序执行顺序为 MAIN→MAIN1→M0→M2。

3. 位操作指令（SETB、CPL）

汇编指令	指令功能
SETB bit	将 bit 位上的内容置 1
CPL bit	将 bit 位上的内容取反

以上两条指令可以对单元中的特定位进行操作，应用的关键是掌握位地址的表示方法。本程序中 P1.0 即位地址。

4. 子程序调用及返回指令（LCALL、RET）

在程序设计中，经常会遇到功能完全相同的同一段程序出现多次，为了减少程序所占存储器的空间及编程人员的工作量，可以把具有一定功能的程序段作为子程序单独编写，供主程序在需要时使用，这种使用称为调用。当主程序需要调用子程序时，通过调用指令无条件地转移到子程序入口处开始执行，子程序执行完毕后将返回到主程序。因此，调用指令和返回指令应成对使用，调用指令应放在主程序中，而返回指令应放在子程序的末尾处。

汇编指令	指令功能
LCALL addr16	调用 addr16 给出的地址处的子程序
RET	子程序执行完后，返回主程序

子程序调用指令完成的操作主要包括两个步骤：一是保护断点。程序断点是指即将被执行但由于调用子程序而没被执行的那条指令的地址，也即 PC 的当前值。保护程序断点就是把当前 PC 值压入堆栈中。二是把子程序入口地址送入 PC 中。返回指令完成的主要操作是

将堆栈中的内容弹出送入 PC 中，又称恢复断点。

［**例 1-4**］分析以下程序，理解子程序的意义。

```
        ORG     0000H
        LJMP    MAIN
        ORG     0100H
MAIN：  SETB    P1.0
DELAY： MOV     R7，#10
D0：    MOV     R6，#100
D1：    MOV     R5，#200
D2：    DJNZ    R5，D2
        DJNZ    R6，D1
        DJNZ    R7，D0
        CPL     P1.0
DELAY： MOV     R7，#10
D0：    MOV     R6，#100
D1：    MOV     R5，#200
D2：    DJNZ    R5，D2
        DJNZ    R6，D1
        DJNZ    R7，D0
        LJMP    MAIN
        END
```

解：以上程序段的功能与本项目中给出的参考程序是相同的。但是本段程序中的延时程序是在主程序中反复出现的，增加了主程序的指令数量，又占用了大量的存储器空间，将本程序修改为参考程序的形式，可以解决以上问题。

5. 伪指令

伪指令又叫汇编控制指令，是只在汇编过程中起作用的指令，用来对汇编过程进行某种控制，或者对符号、标号赋值。伪指令和指令完全不同。在汇编过程中，伪指令不产生可执行的目标代码，大部分伪指令甚至不会影响存储器中的内容。下面学习汇编开始和结束指令。

格式：ORG　　16 位地址

END

ORG 的功能是规定跟在它后面的源程序经过编译后所产生的目标程序在程序存储器中的起始地址。

END 是汇编语言源程序的结束标志，汇编程序遇到 END 时认为源程序到此为止，汇编过程结束，在 END 后面所写的程序，汇编程序都不予理睬。在一个源程序中可以多次使用 ORG 指令，以规定不同程序段的起始地址。但多个 ORG 所规定的地址应该是从小到大，而且不同程序段的地址不能有重叠。而且在一个源程序中只能有一个 END 命令。

三、程序仿真与调试

1. 运行 Keil 软件

如已安装 Keil 软件，可在桌面上双击 Keil μVision2 图标，第一次打开 Keil 软件时，界面如图 1-6 所示。

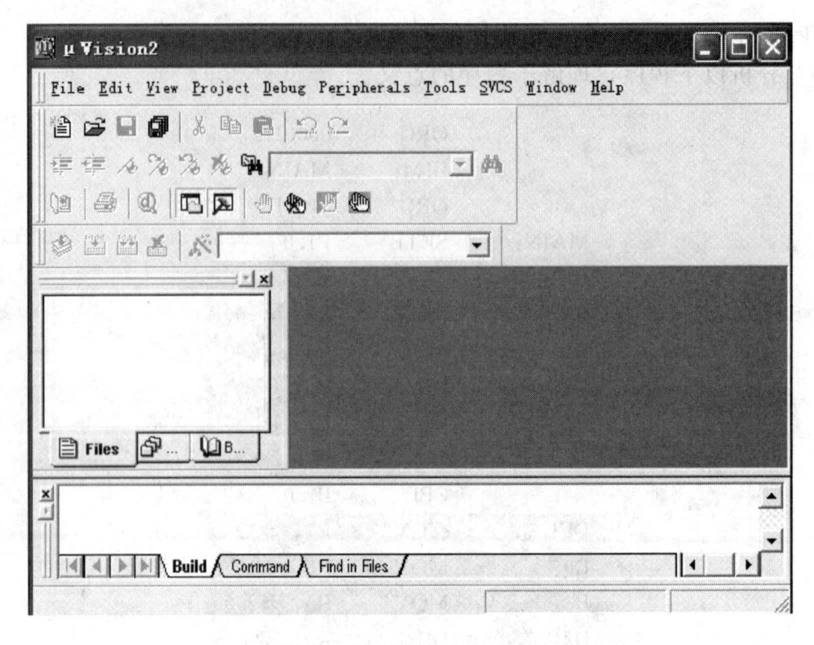

图 1-6　Keil 软件运行界面

2. 新建文件

鼠标单击菜单项 File→New（或直接单击“新建文件”快捷按钮），此时在界面中出现文本编辑窗口，用户就可以在此窗口下进行程序的编写。图 1-7 所示为编辑好的项目一的程序。程序编写完成后，要进行保存，保存文件的后缀为 ASM（本项目文件名为 MAIN1. ASM）。保存后文件中的指令会有颜色的变化，以此可以发现书写指令时的错误。

［注意］**程序每次编写完成或修改后，都应保存。**

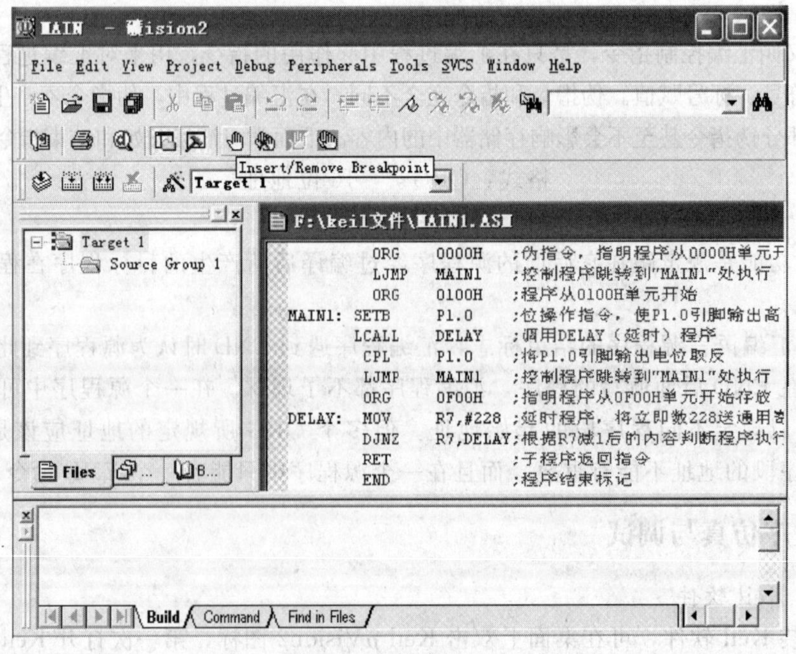

图 1-7　文件编辑界面

3. 新建 Keil 工程项目

鼠标单击菜单项 Project→New Project，出现图 1-8 所示对话框，给工程项目命名（如 FMQKZ），并保存在指定目录下。随后根据出现的对话框，选择 CPU 的厂家和型号（本项目中选择 Atmel 公司的 AT89C51），单击“确定”即可。

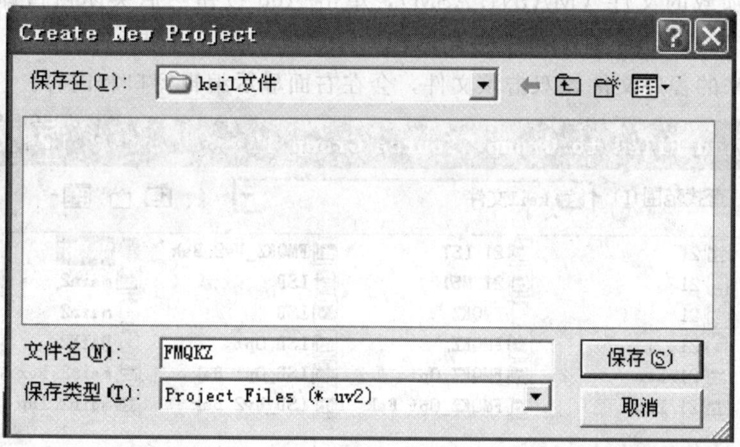

图 1-8　工程项目的建立

对工程项目进行设置。鼠标单击菜单项 Project→Options for Target ‘Target 1’（或直接单击“工程项目设置”按钮），在 Target 选项卡下的 Xtal（MHz）栏里将晶振频率改为 12.0；在 Output 选项卡中选择编译生成的文件类型，并将编译生成的 Hexw 文件名定义为“MAIN1”；然后选择 Debug 项，出现图 1-9 所示的对话框。对话框左侧为软件仿真选项，右侧为硬件仿真选项，我们选择软件仿真项，并在出现的对话框中进行设置。

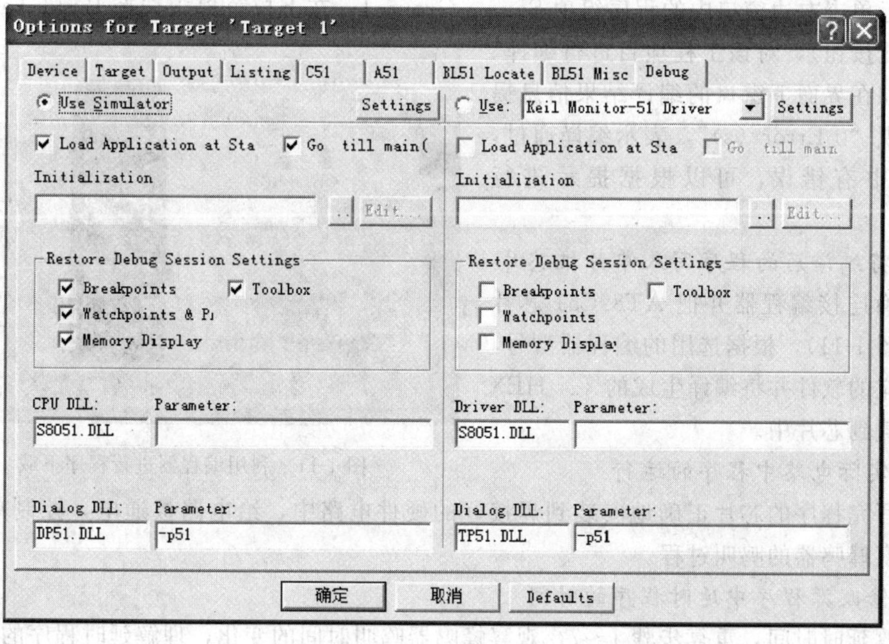

图 1-9　工程项目的设置

4. 加载或调用文件

对已编写好并保存的程序文件，需加载或调用到工程项目中才能进行编译、调试和运行。因此，鼠标右键单击左边窗口中的程序组 Source Group 1，在下拉菜单中选择“Add Files to Group”，添加文件到程序组，弹出图 1-10 所示对话框。在弹出的对话框中，选择文件目录以及要加载的文件（MAIN1. ASM），单击 Add 按钮然后关闭窗口即可。完成操作后，在左边窗口的 Source Group 1 中会出现一个“+”号，单击“+”号，在程序组下面会有新加载进来的程序文件，双击该文件，会在右面显示编辑窗口和内容。

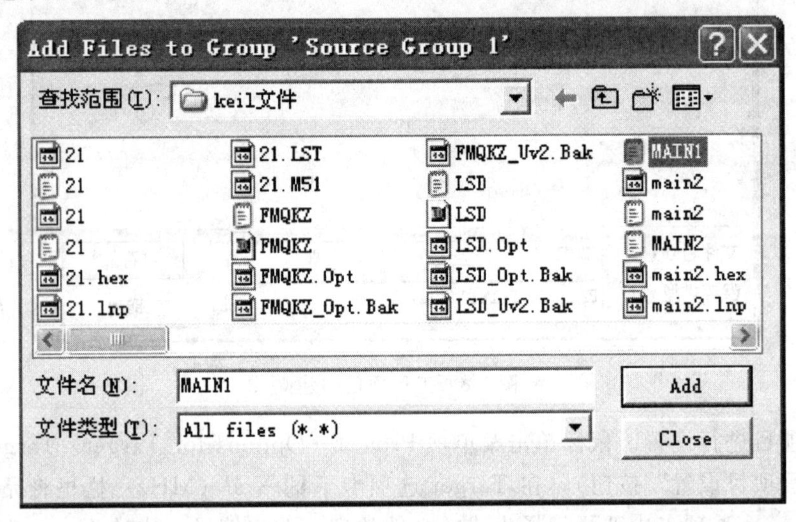

图 1-10　加载工程文件窗口

5. 程序编译及调试

鼠标单击左边窗口中的程序组项 Source Group 1，在下拉菜单中选择 Build Target（或单击快捷按钮），对该工程项目进行编译。此时，如在界面下窗口的编译结果信息提示中出现“0 Error（s)”，表示编译通过，若程序中有错误，可以根据提示进行修改。

6. 将编译后的程序写入单片机芯片

正确连接编程器并把 AT89C51 芯片插好（图 1-11），根据选用的编程器型号，运行相应的软件并将编译生成的 *. HEX 文件下载到芯片中。

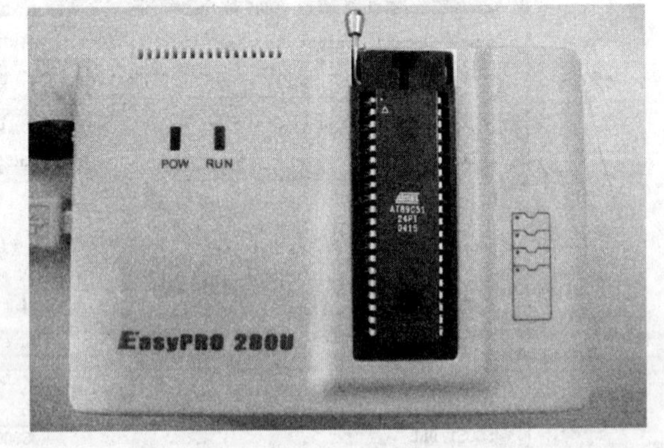

图 1-11　利用编程器进行程序下载

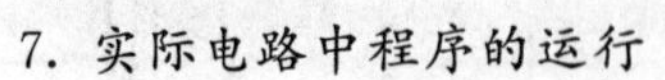

7. 实际电路中程序的运行

将写完程序的芯片正确地安装到焊接好的硬件电路中，给电路板通电，控制单片机工作，观察蜂鸣器的鸣叫过程。

8. 修改源程序中延时程序的时间

修改延时时间，重复步骤 1～7，观察蜂鸣器鸣叫时间的变化，理解延时程序的意义。

知识点链接

单片机应用系统开发

通过本项目的训练，我们大致了解了单片机学习及应用的一般步骤。单片机本身不能单独完成特定的任务，只有与某些器件和设备有机地组合在一起，并编写专门的应用程序，才能构成一个单片机应用系统，完成任务。一个单片机应用系统从接受任务、分析任务、硬件设计、程序设计到程序的仿真调试、硬件电路的制作及调试、软硬件结合并投入运行的全过程，称为单片机的开发。

一、硬件设计

根据任务书，首先确定单片机应用系统的总体设计方案，然后再根据方案的要求，选定单片机的机型，确定系统中要使用的元器件，画出硬件的电路原理图。在实际的系统开发中，要根据电路原理图设计印制电路板图，然后委托印制板生产商制作印制电路板；最后将系统中所要求的元器件焊接在印制电路板上，至此，应用系统的硬件部分初步完成。

二、程序设计

在确定了单片机机型以及硬件电路原理图后，就可以进行软件程序设计了。

1. 程序设计语言的选用

要使计算机按照人的思维完成一项工作，就必须让 CPU 按设定顺序执行各种操作，即一步一步地执行一条条指令。这种按人的要求编排的指令操作序列称为程序。程序就好像是一个晚会的节目单。编写程序的过程就叫做程序设计。

程序设计语言是实现人机交换信息的最基本工具，可分为机器语言、汇编语言和高级语言。三种语言的特点将在项目二的“知识点链接”中详述。

本教材所给出的源程序采用汇编语言的形式。汇编语言的源程序文件是文本文件，可以用开发工具或通用计算机的文本编辑器编辑，以扩展名为“. ASM”的文件格式保存。

2. 绘制程序流程图

程序流程图是编写汇编源程序的重要环节，是程序设计的重要依据，它直观清晰地体现了程序设计思路。流程图是由预先约定的各种图形、流程线及必要的文字符号构成的，对于简单的应用程序，可以不画流程图，但当程序较为复杂时，绘制流程图是一个良好的编程习惯，标准的流程图符号如图 1-12 所示。

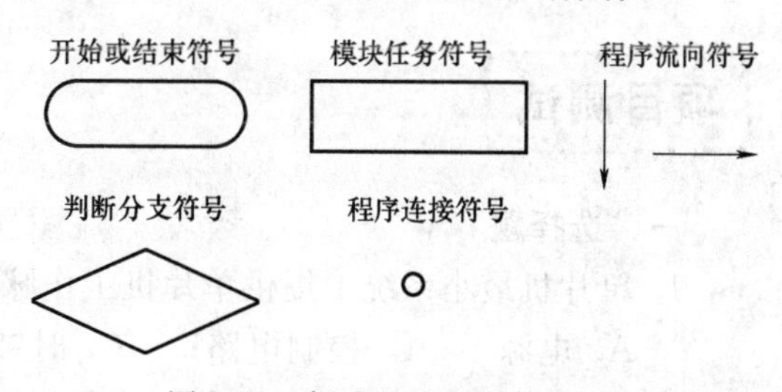

图 1-12　标准的流程图符号

3. 编写源程序

程序流程图设计完后，根据流程图设计思路编写程序，包括分配内存工作单元，确定程序和数据区的存放地址等。

三、程序的仿真调试

调试是一个以仿真为核心的综合过程，其中穿插了编辑、编译和仿真等各项工作，是检验程序正确性的一个重要环节。

汇编语言源程序编写完成后，要检验程序是否正确，应将编译后的程序加载到硬件系统中运行并观察结果是否正常。如果将编译好的程序直接写入单片机芯片并运行，待发现问题后又要重新编辑、编译、写入，这样做既麻烦，有时又会损坏芯片，增加了开发成本，对于教学来说，增加了教学的投入。因此，实际中多采用仿真的方法，即将用户编写的程序放到一个与单片机实际工作环境相仿的模拟环境中，让它模仿真实的系统运行。待通过仿真调试后，再将程序写入单片机芯片。

仿真有两种方法：模拟仿真、在线仿真。

模拟仿真一般是用纯软件仿真，即在计算机上利用模拟开发软件对单片机进行硬件模拟、指令模拟和运行状态的模拟，从而完成软件程序开发的全过程。它的优点是开发系统的效率高、成本低，不足之处是不能进行硬件系统的诊断和实时仿真。

在线仿真是将程序加载到一个称为仿真机（或仿真器）的系统中，然后将此仿真机接入已制作好的硬件电路。仿真器的核心是一个单片机芯片，它的功能与用户所使用的单片机芯片功能相同，通过该单片机芯片来运行用户程序，从而验证程序的对错。显然，用仿真机来模仿单片机芯片更接近真实，更能发现问题、解决问题。

四、程序固化

经过在线仿真调试，最终证明程序正确无误后，就可以把调试好的目标程序写入单片机芯片中的程序存储器了，这个过程称为程序固化。写入程序是一个物理过程，需要专门的写入设备——编程器。把写好程序的单片机芯片插入硬件电路中，单片机系统就可以现场独立运行了。但在真正投入使用前，还应进行一段时间的试运行，通过试运行，可以进一步发现程序设计和硬件电路的问题或不足，进一步观察和检测软硬件系统能否经受实际环境的考验，是否真正满足实际要求。不满足实际要求的硬件电路和软件程序要更换或修改，直到满足实际要求为止。

项目测试

一、选择题

1. 单片机最小系统中提供单片机工作脉冲信号的是（　　）。

   A. 电源　　B. 控制电路　　C. 时钟电路　　D. 复位电路

2. MCS—51系列单片机复位操作的主要功能是把PC初始化为（　　）。

   A. 0100H　　B. 2080H　　C. 0000H　　D. 8000H

3. 蜂鸣器的工作电流比单片机的输出电流（　　）。

   A. 大　　B. 小　　C. 相等

4. 能改变程序执行顺序的指令是（　　）。

   A. MOV　　B. SETB　　C. LJMP　　D. ORG

5. 子程序调用时，LCALL 用在（　　）程序中，RET 用在（　　）程序中。

A. 主、主　　B. 主、子　　C. 子、主　　D. 子、子

6. MCS-51 系列单片机复位操作后，4 个 I/O 口 P0—P3 的状态为（　　）。

A. 全是高电位　　B. 全是低电位　　C. 不确定

7. 在利用 Keil c51 软件进行程序编译时，下列哪种情况不能对程序存储器进行编译（　　）。

A. 程序没有写完就保存的文件　　B. 有语法错误的文件

C. 没有保存的文件　　D. 保存路径不正确的文件

二、简答题

1. 要求利用单片机芯片控制一个发光二极管闪烁，设计电路并编程实现。
2. 单片机应用系统的程序设计分几个步骤？每步的作用是什么？
3. 什么是目标程序？
4. 什么是仿真？仿真有几种方法？它们的优缺点各是什么？

项目评估

项目评估表

评价项目	评价内容	配分/分	评价标准	得分
硬件电路	电子电路基础知识	20	掌握单片机芯片对应引脚的名称、序号、功能　5 分	
			掌握单片机最小系统原理分析　10 分	
			认识电路中各元器件功能及型号　5 分	
焊接工艺	元器件整形、插装	5	按照原理图及元器件焊接尺寸正确整形、安装	
	焊接	5	符合焊接工艺标准	
程序编制、调试、运行	指令学习	10	正确理解程序中所用指令的意义	
	程序分析、设计	20	能正确分析程序的功能　10 分	
			能根据要求设计功能相似的程序　10 分	
	程序调试与运行	20	程序输入正确　5 分	
			程序编译仿真正确　5 分	
			能修改程序并分析　10 分	
安全文明生产	使用设备和工具	10	正确使用设备及工具	
团结协作	集体意识	10	各成员分工协作，积极参与	

项目二　8位流水灯的单片机控制

项目目标

通过单片机控制8个发光二极管的顺序点亮，学会使用MCS—51系列单片机芯片的P1口进行输出控制，进一步学习汇编程序的分析方法，并学会运用RR、RL等基本指令。

项目任务

要求应用AT89C51芯片，控制8个发光二极管的有序亮灭，呈现流水灯的效果。设计单片机控制电路并编程实现此功能。

项目分析

利用单片机P1口连接8个发光二极管，利用各引脚输出电位的变化，控制发光二极管的亮灭。P1口各引脚的电位变化可以通过指令来控制，为了清楚地分辨发光二极管的点亮和熄灭，编写延时程序，在P1口输出信号由一种状态向另一种状态变化时，实现一定的时间间隔。

项目实施

一、硬件电路设计

（一）设计思路

在AT89C51单片机芯片及基本外围电路组成的单片机最小系统基础上，利用输入/输出P1口的8个引脚控制8个发光二极管。由于发光二极管具有普通二极管的共性——单向导电性，因此只要在其两极间加上合适的正向电压，发光二极管即可点亮；将电压撤除或加反向电压，发光二极管即熄灭。根据发光二极管的特性，结合单片机P1口的输出信号，即可实现流水灯的控制效果。

（二）电路设计

1. P1口结构及流水灯电路

MCS—51系列单片机设有4个8位并行I/O端口P0、P1、P2、P3，在无片外存储器的系统中，这四个I/O口的每一位都可以作为准双向通用I/O口使用，用于传送数据和地址信息。

图2-1所示为P1口中某一位的位结构电路图。P1口为8位准双向口，每一位均可独立

定义为输入或输出口。当作为输出口时，1写入锁存器，$\overline{Q}=0$，V截止，内部上拉电阻将电位拉高，此时该口输出为1；当0写入锁存器，$\overline{Q}=1$，V导通，输出则为0。作为输入口时，锁存器置1，$\overline{Q}=0$，V截止，此时该位既可以把外部电路拉成低电平，也可由内部上拉电阻拉成高电平，所以P1口称为准双向口。

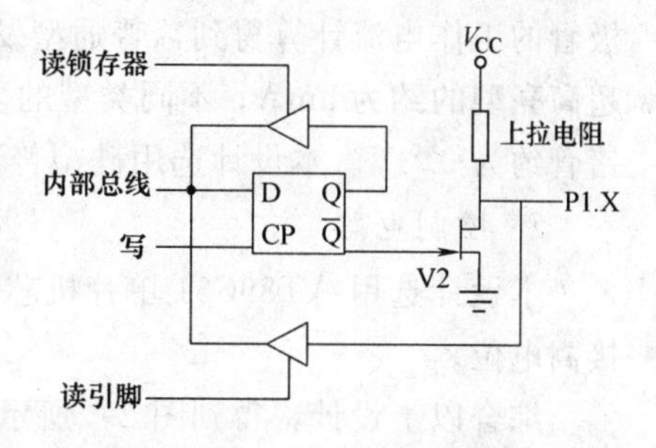

图2-1　MCS—51系列单片机P1口的位结构电路图

需要说明的是，作为输入口使用时，有两种情况：

其一，首先是读锁存器的内容，进行处理后再写到锁存器中，这种操作即：读——修改——写操作，例如JBC（位逻辑判断）、CPL（取反）、INC（递增）、DEC（递减）、ANL（逻辑与）和ORL（逻辑或）指令均属于这类操作。

其二，读P1口状态时，打开三态门G2，将外部状态读入CPU。

在本项目中，使AT89C51单片机芯片的P1口作为输出口，直接驱动并控制8个发光二极管的亮灭。

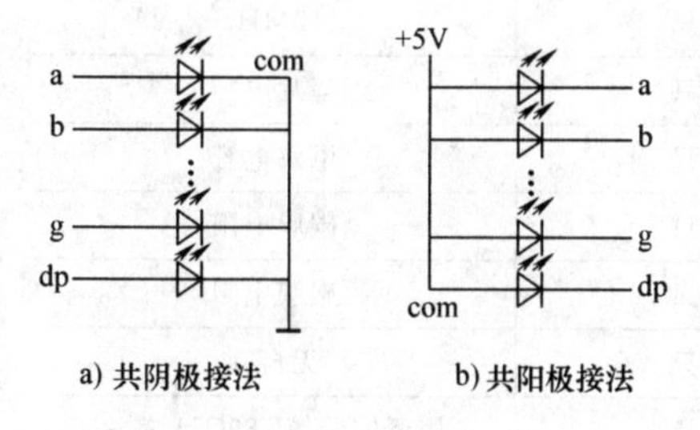

图2-2　发光二极管的连接方法

［注意］在设计电路时，发光二极管的连接方法有两种，若将它们的阴极连接在一起，则阳极信号受控制，即构成共阴极接法，如图2-2a所示；若将它们的阳极连接在一起，阴极信号受控制，则构成共阳极接法，如图2-2b所示。

由于P1口输出高电位时电压大约是5V，为保证发光二极管的可靠工作，必须在发光二极管和单片机输出引脚间连接一只限流电阻。电阻的选取可以按照发光二

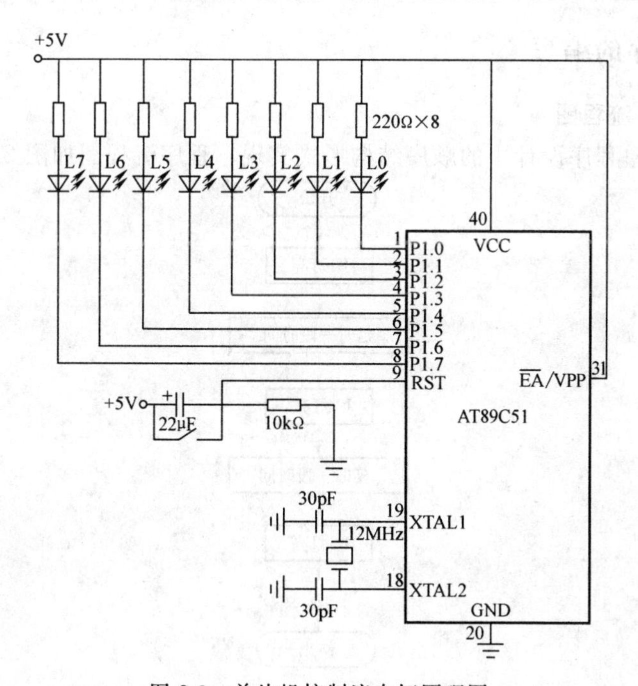

图2-3　单片机控制流水灯原理图

极管的工作电流计算得到，普通型发光二极管的工作电流约为20mA，高亮型的约为10mA，超高亮型的约为5mA。不同类型的发光二极管导通时管压降也不同，一般硅管约为0.7V，锗管约为0.3V。本设计选用硅型普通发光二极管，限流电阻取220Ω。

2. 控制电路

本设计选用AT89C51单片机芯片，利用片内程序存储器进行控制，因此$\overline{EA}$/VPP引脚接高电位。

综合以上设计，得到图2-3所示的8位流水灯控制电路。

（三）材料表

通过项目分析及原理图，可以得到出本项目所需的元器件，元器件参数见表2-1。

表2-1 元器件清单

序号	元器件名称	元器件型号	元器件数量	备注
1	单片机芯片	AT89C51	1片	DIP封装
2	发光二极管	ϕ5	8只	普通型
3	晶振		1只	12MHz
4	电容	30pF	2只	瓷片电容
		22μF	1只	电解电容
5	电阻	220Ω	8只	碳膜电阻
		10kΩ	1只	碳膜电阻
6	按键		1只	无自锁
7	40脚IC座		1片	用于安装AT89C51芯片
8	导线			

二、控制程序的编写

（一）绘制程序流程图

本控制使用简单程序设计中的顺序结构形式实现，程序流程图如图2-4所示。

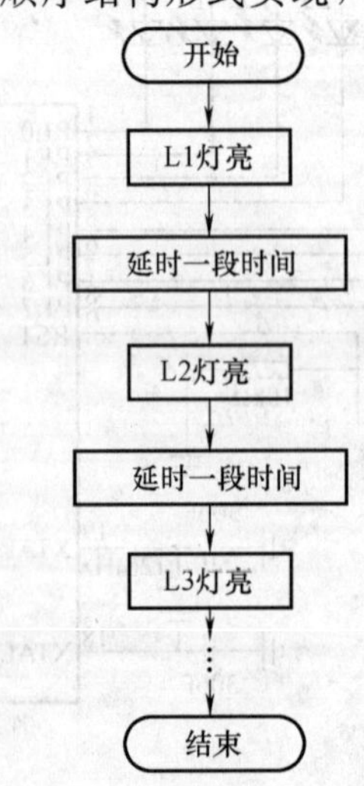

图2-4 8位流水灯控制程序流程图

（二）编制汇编源程序

1. 参考程序清单

标号	操作码	操作数	指令意义（注释）
	ORG	0000H	；伪指令，指明程序从 0000H 单元开始存放
	LJMP	MAIN2	；控制程序跳转到“MAIN2”处执行
	ORG	0200H	；主程序从 0200H 单元开始
MAIN2：	MOV	P1，＃0FEH	；将立即数 FEH 送累加器 A，L0 亮
	LCALL	DELAY	；调用 DELAY（延时）程序
	MOV	P1，＃0FDH	；L1 亮
	LCALL	DELAY	
	MOV	P1，＃0FBH	；L2 亮
	LCALL	DELAY	
	MOV	P1，＃0F7H	；L3 亮
	LCALL	DELAY	
	MOV	P1，＃0EFH	；L4 亮
	LCALL	DELAY	
	MOV	P1，＃0DFH	；L5 亮
	LCALL	DELAY	
	MOV	P1，＃0BFH	；L6 亮
	LCALL	DELAY	
	MOV	P1，＃7FH	；L7 亮
	LCALL	DELAY	
	SJMP	$	；重复执行本条指令（程序结束）
	ORG	0F00H	；延时程序从 0F00H 开始
DELAY：	MOV	R7，＃10	；将立即数 10 送通用寄存器 R7
D0：	MOV	R6，＃100	；将立即数 100 送通用寄存器 R6
D1：	MOV	R5，＃200	；将立即数 200 送通用寄存器 R5
D2：	DJNZ	R5，D2	；根据 R5 减 1 后的内容判断程序执行方向
	DJNZ	R6，D1	；根据 R6 减 1 后的内容判断程序执行方向
	DJNZ	R7，D0	；根据 R7 减 1 后的内容判断程序执行方向
	RET		；子程序返回指令
	END		；程序结束标记

2. 程序执行过程

单片机上电或执行复位操作后，程序将从 0000H 单元开始执行。在 0000H～0002H 中存放一条跳转指令“LJMP　MAIN2”，使得程序可以执行完本条指令后就跳转到主程序（MAIN2）处执行用户程序。

程序执行完“MOV　P1，＃0FEH”指令后，即将十六进制立即数 FEH 通过 P1 口输出，而 FEH 的二进制形式为 11111110B，此时 P1 口输出控制的 8 个发光二极管仅 P1.0 对应的数据为 0，其余各位为 1。由于 8 个发光二极管采取共阳极连接，即只有 L0 亮而其余全灭。

为了能清楚地分辨发光二极管的亮灭情况，接着执行“LCALL　DELAY”调用延时子程序，以维持发光二极管发光的状态。执行完此条指令后，程序将跳转到延时子程序处，即从0F00H单元开始执行。延时子程序的分析同项目一。

延时结束后，返回主程序并执行指令“MOV　P1，#0FDH”，即把“FDH”通过P1口输出。此时单片机P1口引脚除P1.1输出为0外，其余引脚输出皆为1，此时L1点亮，其余发光二极管都熄灭。延时结束后，依次点亮L2～L7，程序结束。

（三）汇编指令学习

1. 对累加器A的逻辑操作指令

在MCS—51系列单片机的指令系统中，累加器A是一个最常用的8位寄存器，为了使用方便，特别设计了7条对累加器A进行逻辑操作的指令，包括清零、取反、移位和高低半字节互换，且操作结果依然保存在累加器A中。

汇编指令	指令功能
CLR　A	将累加器A中的数据清零
CPL　A	将累加器A中的数据取反
RL　A	将累加器A中的数据循环左移一位
RR　A	将累加器A中的数据循环右移一位
RLC　A	将累加器A中的数据连同进位标志位CY一起循环左移一位
RRC　A	将累加器A中的数据连同进位标志位CY一起循环右移一位
SWAP　A	将累加器A中的数据进行高4位与低4位互换

［**例2-1**］已知（A）＝23H，CY＝1，执行以下指令后，累加器A中的内容分别是什么？

```
CLR     A
CPL     A
RL      A
RR      A
RLC     A
RRC     A
SWAP    A
```

解：“CLR　A”是将A中数据清零，指令执行完后，（A）＝00H；

“CPL　A”是将A中数据取反，原数据（A）＝（23H）＝00100011B，取反后，（A）＝11011100B＝DCH；

“RL　A”是将A中数据循环左移一位，指令执行完后，（A）＝01000110B＝46H；

“RR　A”是将A中数据循环右移一位，指令执行完后，（A）＝10010001B＝91H；

“RLC　A”是将A中的8位数据和CY一起共9位数循环左移一位。原数据（CY）＝1，（A）＝00100011B，指令执行完后，（CY）＝0，（A）＝01000111B＝47H；

“RRC　A”是将A中的8位数据和CY一起共9位数循环右移一位。原数据（CY）＝1，（A）＝00100011B，指令执行完后，（CY）＝1，（A）＝10010001B＝91H；

“SWAP　A”是将A中的8位数据进行高低半字节互换，指令执行完后，（A）＝32H。

2. 软件延时程序的时间计算

在项目一和项目二中，为了能清晰地分辨出蜂鸣器的鸣叫和发光二极管的变化，我们进行了延时程序的编写。CPU执行完延时程序耗费的时间即是我们所要得到的延时时间，通常可以利用时钟频率和指令周期结合寄存器中的数据进行延时时间的计算。

延时程序如下：

```
DELAY:   MOV     R7，#10
D0:      MOV     R6，#100
D1:      MOV     R5，#200
D2:      DJNZ    R5，D2
         DJNZ    R6，D1
         DJNZ    R7，D0
         RET
```

采用12MHz的晶振，则一个机器周期是1μs，“MOV　R7，#10”是一条单周期指令，执行1次需要1μs。“DJNZ　R5，D2”是双机器周期指令，执行1次需要$2\times1\mu s=2\mu s$。

计算第1层循环（D2）的时间为

$$200\times2\mu s=400\mu s$$

第2层循环（D1）的时间：$(1+400+2)\times100\mu s=40\ 300\mu s$

第3层循环（D0）的时间：$(1+40300+2)\times10\mu s=403\ 030\mu s\approx0.4s$

［**例2-2**］已知单片机时钟电路外接晶振是6MHz，执行以下程序大约需要多长时间？

```
         MOV     R3，#250
L0:      MOV     R4，#150
L1:      DJNZ    R4，L1
         DJNZ    R3，L0
         RET
```

解：由于采用6MHz的晶振，一个机器周期是2μs。

计算第1层循环（L1）的时间：$4\times150\mu s=600\mu s$

计算第2层循环（L0）的时间：$(2+600+4)\times250\mu s=151\ 500\mu s\approx0.15s$

［**注意**］**由以上计算我们可以理解为时钟频率与程序执行速度的关系。时钟频率越快，程序执行用的时间越短，在生产控制中反应就越迅速。**

3. 程序的编写技巧

在本项目中，利用P1口实现8个发光二极管的流水灯控制，主要利用了数据传送指令，将要显示现象的对应数据通过P1口送出。在编写控制程序时，应首先将每个显示现象分析清楚，比如：要让L3亮，其余发光二极管灭，则P1口的数据应为11110111B；要让L7亮，则P1口的数据应为01111111B。然后找到能实现此操作的指令即可。下面使用我们在本项目中学习的移位指令编写程序如下：

标号	操作码	操作数	指令功能（注释）
	ORG	0000H	；伪指令，指明程序从 0000H 单元开始存放
	LJMP	MAIN2	；控制程序跳转到“MAIN2”处执行
	ORG	0200H	；主程序从 0200H 单元开始
MAIN2：	MOV	A，#0FEH	；将立即数 FEH 送累加器 A
LOOP：	MOV	P1，A	；将 A 中内容送 P1 口，L1 亮
	LCALL	DELAY	；调用 DELAY（延时）程序
	RL	A	；将 A 中内容循环左移后送回 A 中，灯依次亮
	LJMP	LOOP	；返回 LOOP 处执行程序
	ORG	0F00H	；延时程序从 0F00H 开始
DELAY：	MOV	R7，#10	；延时程序，将立即数 10 送通用寄存器 R7
D0：	MOV	R6，#100	；将立即数 100 送通用寄存器 R6
D1：	MOV	R5，#200	；将立即数 200 送通用寄存器 R5
D2：	DJNZ	R5，D2	；根据 R5 减 1 后的内容判断程序执行方向
	DJNZ	R6，D1	；根据 R6 减 1 后的内容判断程序执行方向
	DJNZ	R7，D0	；根据 R7 减 1 后的内容判断程序执行方向
	RET		；子程序返回指令
	END		；程序结束标记

分析后可知本段程序与项目中给出的参考程序功能相似，但是指令数量较少，所占存储器空间较小。根据发光二极管的点亮次序，通过分析每次给 P1 口所送的数据，发现不断变换的是数据中“0”的位置。若点亮次序是 L0～L7，则“0”是自低位（右）向高位（左）移动的，符合指令“RL　A”的功能。同时还可以总结出，若应用“RR　A”指令，则 8 个发光二极管的点亮次序是 L7～L0。应用了移位指令后，程序更简洁易懂了，因此在今后的学习中，应注意类似情况的处理。

三、程序仿真与调试

1）运行 Keil 软件，将本项目中的汇编源程序以文件名 MAIN2. ASM 保存，添加到工程文件并进行软件仿真的设置，如图 2-5 所示。

2）利用 Keil 进行文件编译。将已经存储完成的文件进行编译，若编译中检测到错误的符号，会将错误信息显示在“Build”选项卡中，用鼠标双击“错误提示”，即可以在对应位置进行修改，如图 2-6 所示。

3）利用 Keil 进行软件仿真。编译成功的程序在写入芯片前，可以先进行计算机软件仿真，通过观察分析存储器中相关数据的变化，分析源程序是否正确。

4）程序的下载及运行。利用编程器将编译完成的文件下载到所用的芯片中，安装到焊接好的电路板上，通电后运行程序，观察 8 个发光二极管的亮灭变化，理解送数指令的意义。

5）修改源程序，将送数指令改为移位指令，重复以上步骤，观察 8 个发光二极管的控制现象，理解 RL、RR 指令的功能。

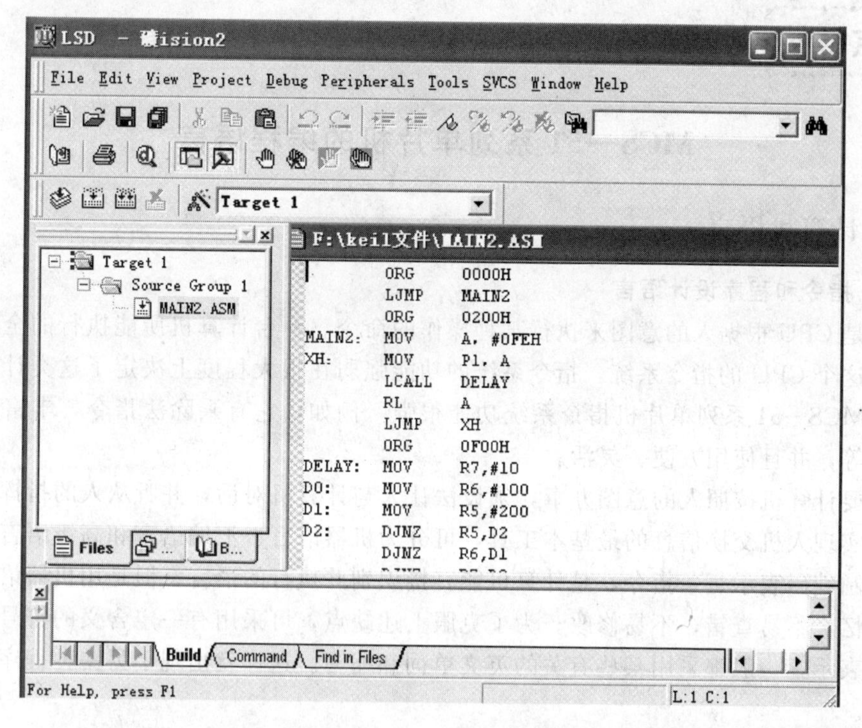

图 2-5　新建工程并添加文件

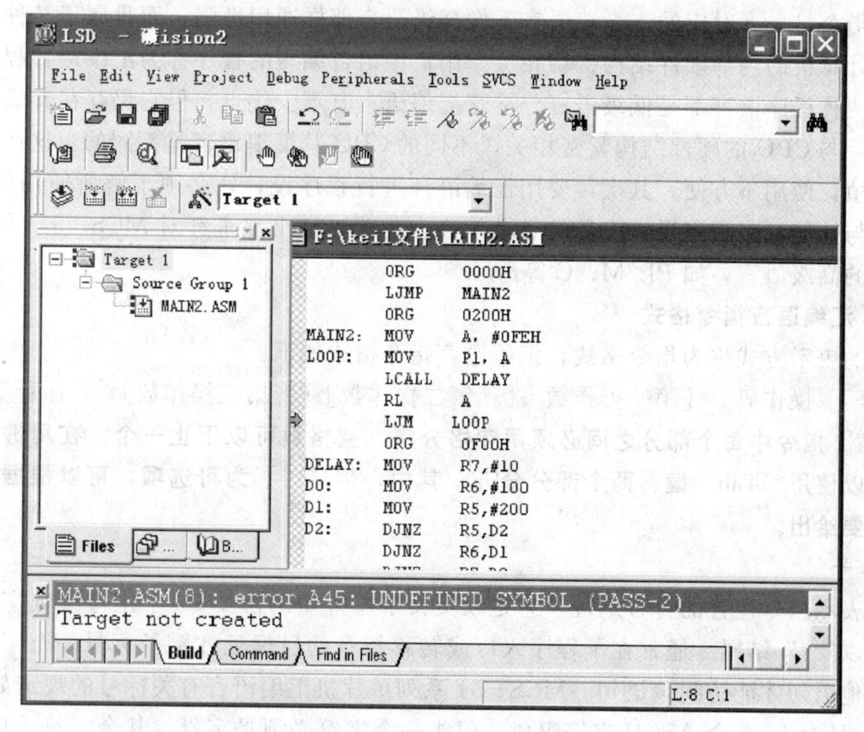

图 2-6　编译文件出错提示

知识点链接

MCS—51 系列单片机的编程语言

一、计算机语言

（一）指令和程序设计语言

指令是 CPU 根据人的意图来执行某种操作的命令。一台计算机所能执行的全部指令的集合称为这个 CPU 的指令系统。指令系统的功能强弱在很大程度上决定了这类计算机智能的高低。MCS—51 系列单片机指令系统功能很强，例如，它有乘除法指令，丰富的条件转移类指令等，并且使用方便、灵活。

如果要计算机按照人的意图办事，须设法让人与计算机对话，并听从人的指挥。程序设计语言是实现人机交换信息的最基本工具，可分为机器语言、汇编语言和高级语言。机器语言用二进制编码表示每条指令，是计算机能直接识别并执行的语言。但是用机器语言编写程序不易记忆，不易查错，不易修改。为了克服上述缺点，可采用有一定含义的符号，即指令助记符来表示，一般都采用某些有关的英文单词和缩写。这样就出现了另一种程序语言——汇编语言。

汇编语言是使用助记符、符号和数字等来表示指令的程序语言，容易理解和记忆，它与机器语言指令是一一对应的。汇编语言不像高级语言那样通用性强，而是属于某种计算机所独有，与计算机的内部硬件结构密切相关。用汇编语言编写的程序称为汇编语言程序。

以上两种程序语言都是低级语言。尽管汇编语言有不少优点，但它仍存在着机器语言的某些缺点，与 CPU 的硬件结构紧密相关，不同的 CPU 其汇编语言是不同的。这使得汇编语言不能移植，使用不方便。其次，要用汇编语言进行程序设计，必须了解所使用的 CPU 硬件的结构与性能，对程序设计人员的要求较高。为此，又出现了针对 MCS—51 系列单片机进行编程的高级语言，如 PL/M、C 等。

（二）汇编语言指令格式

指令的表示方式称为指令格式，汇编语言指令格式如下：

[标号:] 操作码　[第一操作数][，第二操作数][，第三操作数][；注释]

[注意] **指令中每个部分之间必须用空格分隔，空格数可以不止一个。在用键盘录入程序时，可以使用<Tab>键将两个部分分开。其中，带 [ ] 为可选项，可以根据具体指令和编程需要给出。**

1. 标号

标号表示指令位置的符号地址，它是以英文字母开始的由 1～6 个字母或数字组成的字符串，并以“:”结尾。通常在子程序入口或转移指令的目标处才赋予标号。有了标号，程序中的其他语句才能访问该语句。MCS－51 系列单片机汇编语言有关标号的规定如下：

1）标号由 1～8 个 ASCII 字符组成，但头一个字符必须是字母，其余字符可以是字母、数字或其他特定字符。

2）不能使用本汇编语言已经定义了的符号作为标记，如指令助记符、伪指令记忆符以

及寄存器的符号名称等。

3）标号后边必须跟"："。

4）同一标号在一个程序中只能定义一次，不能重复定义。

5）一条语句可以有标号，也可以没有标号，标号的有无决定着本程序中的其他语句是否需要访问这条语句。

下面列举一些例子，以加深了解。

错误的标号	正确的标号
2BT：(以数字开头)	LOOP4：BEGIN（无冒号)
STSBLTB+5T：(+号不能在标号中出现)	TABLE
ADD：(用了指令助记符)	QY：

2. 操作码

操作码助记符是表示指令操作功能的英文缩写。每条指令都有操作码，它是指令的核心部分。操作码用于规定本语句执行的操作，操作码可为指令的助记符或伪指令的助记符，操作码是汇编指令中唯一的不能空缺的部分。

例如指令：MOV　A，#00H。操作码部分规定了指令所实现的操作功能，由2～5个英文字母组成。例如JB，MOV，DJNZ，LCALL等。

3. 操作数

操作数部分指出了参与操作的数据来源和操作结果存放的目的单元，操作数可以直接是一个数，也可以是一个数据所在的空间地址，即在执行指令时，从指定的地址空间取出操作数。在一条指令中，可能没有操作数，也可能只包括一项，也可能包括二项、三项。各操作数之间以逗号分隔，操作码与操作数之间以空隔分隔。操作数可以是立即数，如果立即数是二进制数，则最低位之后加B；如果立即数是十六进制数，则最低位之后加H；如果立即数是十进制数，则数字后面不用加任何标记。

操作数可以是本程序中定义的标号或标号表达式，例如，MOON是一个定义好的标号，则表达式MOON+1或MOON−1都可以作为地址来使用；操作数也可以是寄存器名；操作数还可以是符号或表示偏移量的操作数。相对转移指令中的操作数还可使用一个特殊的符号$，它表示本条指令所在的地址，例如，JNB TF0，$；表示当TF0位不为0时，就转移到该指令本身，以达到程序在原地踏步等待的目的。

4. 注释

注释不属于语句的功能部分，它只是对每条语句的解释说明，它可使程序的文件编制显得更加清晰，是为了方便阅读程序的一种标注。只要用"；"开头，即表明后面为注释内容，注释的长度不限，一行不够时，可以换行接着写，但换行时应注意在开头使用"；"号。

5. 分界符（分隔符）

汇编程序在上述每段的开头或结尾使用分界符把各段分开，以便于区分。分界符可以是空格、冒号、分号等。这些分界符在MCS—51系列单片机汇编语言中使用情况如下：

1）冒号（:）：用于标号之后。

2）空格（ ）：用于操作码和操作数之间。

3）逗号（,）：用于操作数之前。

4）分号（;）：用于注释之前。

例如，MOV A，#0AH 表示取一个（立即）数 0A（十六进制，如转换成二进制为 00001010）传送到累加器 A。

二、寻址方式

寻址就是寻找指令中操作数或操作数所在的地址。在汇编语言程序设计时，要针对系统的硬件环境编程，数据的存放、传送、运算都要通过指令来完成，编程者必须自始至终都十分清楚操作数的位置，以便将它们传送至适当的空间去操作。因此，如何寻找存放操作数的空间位置和提取操作数就变得十分重要了。所谓寻址方式，就是如何找到存放操作数的地址，把操作数提取出来的方法。它是计算机的重要性能指标之一，也是汇编语言程序设计中最基本的内容之一，必须十分熟悉，牢固掌握。

MCS—51 系列单片机寻址方式共有 7 种：寄存器寻址、直接寻址、立即数寻址、寄存器间接寻址、变址寻址、相对寻址、位寻址。

1. 寄存器寻址

寄存器寻址是指操作数存放在某一寄存器中，指令中给出寄存器名，就能得到操作数。寄存器可以使用通用寄存器组 R0～R7 中某一个或其他寄存器（A，B，DPTR 等）。例如：

```
MOV   A， R0        ；(R0) →A
MOV   P1，A         ；(A) →P1 口
ADD   A， R0        ；(A) + (R0) →A
```

2. 直接寻址

在指令中直接给出操作数所在的存储单元的地址，称为直接寻址方式。此时，指令中操作数部分是操作数所在的地址。在 MCS—51 系列单片机中，使用直接寻址方式可访问片内 RAM 的 128 个单元以及所有的特殊功能寄存器（SFR），对于特殊功能寄存器，既可以使用它们的地址，也可以使用它们的名字。例如：

```
MOV   A，3AH        ；(3AH) →A
```

就是把片内 RAM 中 3AH 这个单元的内容送累加器 A。又如：

```
MOV   A，P1         ；(P1 口) →A
```

是把 SFR 中 P1 口内容送 A，它又可写成；

```
MOV   A，       90H
```

其中，90H 是 P1 口的地址。

直接寻址的地址占一个字节，所以，一条直接寻址方式的指令至少占两个内存单元。

3. 立即数寻址

指令操作码后面紧跟的是一个字节或两个字节的操作数，用“#”号表示，以区别直接地址。例如：

```
MOV   A，3AH        ；(3AH) →A
MOV   A，#3AH       ；3AH→A
```

前者表示把片内 RAM 中 3AH 这个单元的内容送累加器 A，而后者则把 3AH 这个数本身送累加器 A。

［注意］**注释字段中加圆括号与不加圆括号的区别。**

MCS—51 系列单片机有一条指令要求操作码后面紧跟的是两个字节立即数，即

```
MOV    DPTR,    #DATA16
```

例如：

```
MOV    DPTR,    #2000H
```

因为这条指令包括两个字节立即数，所以它是三字节指令。

其功能是把 2000H 送到 DPTR 寄存器。

4. 寄存器间接寻址

在寄存器寻址方式中，操作数存放在指令中指定的寄存器中。而在寄存器间接寻址方式中，操作数存放在存储单元中，而存储单元地址又存放在某个寄存器中，即操作数是通过寄存器间接得到的。8051 规定 R0 或 R1 为间接寻址寄存器，它可寻址内部 RAM 低位地址的 128B 单元内容，还可以采用数据指针 DPTR 作为间接寻址寄存器，寻址外部数据存储器的 64KB 单元内容。

［注意］**不能用这种寻址方法寻址特殊功能寄存器。**

例如，将寄存器 R0 的内容作为单元地址，寻找操作数送累加器 A，可执行指令“MOV A，@R0”。若 R0 内容为 65H，片内 RAM 中 65H 单元内容为 47H，则得到的操作数是 47H，最后将 47H 送到 A 中。

指令的执行过程为：当程序执行到本指令时，以指令中所制定的工作寄存器 R0 内容 65H 为指针，将片内 RAM 中 65H 单元的内容 47H 送累加器 A，如图 2-7 所示。

在访问片内 RAM 低 128B 和片外地址的 256 个单元时，用 R0 或 R1 作地址指针，在访问全部 64KB 外部 RAM 时，使用 DPTR 作地址指针进行间接寻址。

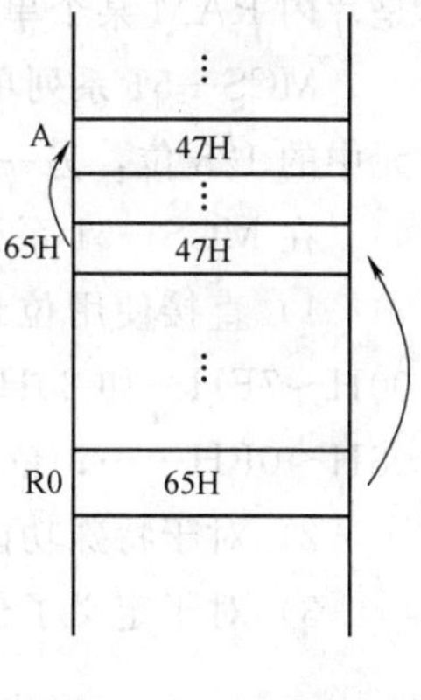

图 2-7　寄存器间接寻址示意图

5. 变址寻址

变址寻址是以某个寄存器的内容为基地址，然后在这个基地址的基础上加上地址偏移量形成真正的操作数地址。MCS—51 系列单片机中没有专门的变址寄存器，而是采用数据指针 DPTR 或程序计数器 PC 作为变址寄存器，地址偏移量存放在累加器 A 中，以 DPTR 或 PC 的内容与累加器 A 的内容之和作为操作数的 16 位程序存储器地址。在 MCS—51 系列单片机中，用变址寻址方式只能访问程序存储器，访问的范围为 64KB，当然，这种访问只能从 ROM 中读取数据而不能写入。例如：

```
MOVC    A,    @A+DPTR    ;((A) + (DPTR)) →A
```

6. 相对寻址

相对寻址只出现在相对转移指令中。相对转移指令执行时，是以当前的 PC 值加上指令中规定的偏移量 rel 作为实际的转移地址。这里所说的 PC 当前值是执行完相对转移指令后的 PC 值，一般将相对转移指令操作码所在的地址称为源地址，转移后的地址称为目的地址，于是有：

目的地址＝源地址＋2（相对转移指令字节数）＋rel

MCS—51系列单片机指令系统中相对转移指令既有双字节的，也有三字节的。双字节的相对转移指令有SJMP　rel，JC　rel等。例如：指行指令“JC　rel”，设rel＝75H，CY＝1。这是一条以CY的值为条件的转移指令。因为“JC　rel”指令是双字节指令，当CPU取出指令的第二个字节时，PC的当前值已是原PC内容加2，由于CY＝1，所以程序转向（PC）＋75H单元去执行。假设相对转移指令“JC　rel”的源地址为1000H，则转移的目标地址是1077H。

在实际的设计应用中，经常需要根据已知的源地址和目的地址计算偏移量rel。相对转移分为正向跳转和反向跳转两种情况。以双字节相对转移指令为例，正向跳转时，rel值为

rel＝目的地址－源地址－2＝地址差－2

而反向跳转时，目的地址小于源地址，rel应用负数的补码表示，为

$$\begin{aligned} rel &= (目的地址-(源地址+2))_{补} \\ &= 100H-(源地址+2-目的地址)+1 \\ &= FEH-地址差 \end{aligned}$$

7. 位寻址

采用位寻址方式的指令，操作数是8位二进制数中的某一位。指令中给出的是位地址，是片内RAM某个单元中某一位的地址。位地址在指令中用bit表示，例如：CLR　bit。

MCS—51系列单片机片内RAM有两个区域可以位寻址。一个是20H～2FH的16个单元中的128位，另一个是字节地址能被8整除的特殊功能寄存器。

在MCS—51系列单片机中，位地址常用下列3种方式表示：

1）直接使用位地址表示。对于20H～2FH的16个单元，共128位，位地址分布是00H～7FH。如20H单元的0～7位的位地址是00H～07H，而21H的0～7位的位地址是08H～0FH……；依此类推。

2）对于特殊功能寄存器，可以直接用寄存器名字加位数表示，如PSW.3、ACC.5等。

3）对于定义了位名字的特殊位，可以直接用其位名表示，例如：CY、AC、ES等。

三、寻址空间及符号注释

1. 寻址空间

表2-2概括了每种寻址方式可适用的存储器空间。

表2-2　寻址方式及对应存储器空间

寻址方式	寻址空间
立即数寻址	程序存储器ROM、数据存储器RAM
直接寻址	片内RAM低128B、特殊功能寄存器
寄存器寻址	通用寄存器R0～R7，其他寄存器A、B、DPTR
寄存器间接寻址	片内RAM低128B［@R0，@R1，SP（仅PUSH，POP）］、片外RAM（@R0，@R1，@DPTR）
变址寻址	程序存储器、数据存储器（@A+PC，@A+DPTR）
相对寻址	程序存储器256B范围（PC+偏移量）
位寻址	片内RAM的20H～2FH字节地址、部分特殊功能寄存器

2. 寻址方式中常用符号注释

（1）Rn（n=0～7）

当前选中的工作寄存器 R0～R7，它在片内数据存储器中的地址由 PSW 中 RS1 和 RS0 确定，可以是 00H～07H（第 0 组），08H～0FH（第 1 组），10H～17H（第 2 组）或 18H～1FH（第 3 组）。

（2）Ri（i=0，1）

当前选中的工作寄存器组中，可作为地址指针的两个工作寄存器 R0、R1。它在片内数据存储器中的地址由 RS1、RS0 确定，分别为 01H、02H，08H、09H，10H、11H，18H、19H。

（3）#data

8 位立即数，既包含在指令中的 8 位数。数据范围为 00H～FFH。

（4）#data16

16 位立即数，既包含在指令中的 16 位数。数据范围为 0000H～FFFFH。

（5）direct

8 位片内 RAM 单元（包括 SFR）的直接地址。

（6）addr11

11 位目的地址，用于 ACALL 和 AJMP 指令中。目的地址必须在与下条指令地址相同的 2KB 程序存储器地址空间之内。

（7）addr16

16 位目的地址，用于 LCALL 和 LJMP 指令中。目的地址在 64KB 程序存储器地址空间之内。

（8）rel

补码形成的 8 位地址偏移量，以下条指令第一字节地址为基值。地址偏移量在－128～＋127 之间。

（9）bit

片内 RAM 或 SFR 的直接寻址位地址。

（10）@

间接寻址方式中，表示间址寄存器的符号。

（11）/

位操作指令中，表示对该位先取反再参与操作，但不影响该位原值。

（12）（X）

（X）中的内容。

（13）((X))

由 X 指出的地址单元中的内容。

（14）→

指令操作流程，将箭头左边的内容送入箭头右边的单元。

四、MCS—51 系列单片机的指令系统

MCS—51 系列单片机指令系统由 111 条指令组成。其中，单字节指令 45 条，三字节指令仅 17 条。从指令执行时间看，单周期指令 64 条，双周期指令 45 条，只有乘、除两条指

令执行时间为4个周期。该指令系统有255种指令代码，使用汇编语言只要熟悉42种助记符即可，简单易学，使用方便。所以，MCS—51系列单片机的指令系统可分为五大类：数据传送指令（28条）；算术运算指令（24条）；逻辑运算及移位指令（25条）；控制转移指令（17条）；位操作指令或布尔操作（17条）。

1. 数据传送指令

CPU在进行算术和逻辑运算时，总需要有操作数。所以，数据的传送是一种最基本、最主要的操作。在通常的应用程序中，传送指令占有很大的比例。数据传送是否灵活、迅速，对整个程序的编写和执行都起着很大的作用。MCS—51系列单片机为用户提供了极其丰富的数据传送指令，共有28条，功能很强大。特别是直接寻址的传送，可使用通用寄存器或累加器，以提高数据传送的速度和效率。

2. 算术运算指令

算术运算指令共有24条，主要是执行加、减、乘、除法四则运算。另外MCS—51系列单片机指令系统中有相当一部分是进行加1、减1操作，BCD码的运算和调整，都归类为运算指令。虽然MCS—51系列单片机的算术逻辑单元ALU仅能对8位无符号整数进行运算，但利用进位标志CY，则可进行多字节无符号整数的运算。同时利用溢出标志位OV，还可以对带符号数进行补码运算。

[注意] 除加、减1指令外，这类指令大多数都会对PSW（程序状态字）有影响。

3. 逻辑运算及移位指令

逻辑运算和移位指令共有25条，有与、或、异或、求反、左右移位、清0等逻辑操作，有直接寻址、寄存器寻址和寄存器间址寻址等寻址方式。这类指令一般不影响程序状态字（PSW）标志。

4. 控制转移类指令

控制转移指令共有17条，用于控制程序的流向，所控制的范围即为程序存储器区间。MCS—51系列单片机的控制转移指令相对丰富，有可对64KB程序空间地址单元进行访问的长调用和长转移指令，也有可对2KB进行访问的绝对调用和绝对转移指令，还有在256B范围内相对转移指令及其他无条件转移指令，这些指令的执行一般都不会对标志位有影响。

5. 位操作指令

MCS—51系列单片机的硬件结构中有一个位处理器（又称布尔处理器），布尔处理功能是MCS—51系列单片机的一个重要特征，这是根据实际应用需要而设置的。布尔变量也即开关变量，它是以位（bit）为单位进行操作的。布尔处理器以进位标志位CY作为累加位C，以内部RAM可寻址的128个位作为存储位。

项目测试

一、选择题

1. 同样的工作电压，（　　）发光二极管的亮度较高。

(A) 高亮型　　(B) 普通型

2. 已知（A）＝27H，执行指令“RL A”后，累加器A中的内容是（　　）。

(A) 28H　(B) 93H　(C) 4FH　(D) 4EH

3. 本项目中要实现8个发光二极管初始时两端点亮的效果，初值应为（　　）。
(A) 77H　　(B) E7H　　(C) EEH　　(D)　7EH
4. 本项目设计电路时，若要增加发光二极管的亮度，所选电阻阻值应（　　）。
(A) 增加　　(B) 减小　　(C) 不变

二、编程及问答题

1. 要使得本项目中发光二极管的闪烁速度加快，程序应如何修改？若变慢呢？
2. 试编写两段延时时间不同的子程序，并分别调用。
3. 汇编程序的书写格式和注意事项是什么？

项目评估

项目评估表

评价项目	评价内容	配分/分	评价标准	得分
硬件电路	电子电路基础知识	20	掌握单片机芯片对应引脚的名称、序号、功能　5分	
			掌握单片机最小系统原理分析　10分	
			认识电路中各元器件功能及型号　5分	
焊接工艺	元器件整形、插装	5	按照原理图及元器件焊接尺寸正确整形、安装	
	焊接	5	符合焊接工艺标准	
程序编制、调试、运行	指令学习	10	正确理解程序中所用指令的意义	
	程序分析、设计	20	能正确分析程序的功能　10分	
			能根据要求设计功能相似的程序　10分	
	程序调试与运行	20	程序输入正确　5分	
			程序编译仿真正确　5分	
			能修改程序并分析　10分	
安全文明生产	使用设备和工具	10	正确使用设备及工具	
团结协作	集体意识	10	各成员分工协作，积极参与	

项目三　1位数字、符号显示控制

项目目标

通过单片机控制1位数码管显示不同的数字和符号，学会使用MCS—51系列单片机芯片的P0口进行输出控制，并掌握数码管的编码方法，学习汇编程序的分析方法，并能熟练运用MOVC等基本指令。

项目任务

要求应用AT89C51芯片，控制1位数码管显示数字0～9、英文字母A～F及特定符号。设计单片机控制电路并编程实现。

项目分析

将单片机的P0口与1位数码管进行有序连接，利用P0口输出数据的变化，控制七段LED数码管各段的亮灭，从而显示不同的数字、字母和符号。P0口各引脚的电位变化可以通过指令来控制，为了清楚地分辨数码管显示的数字或符号，在显示字符变化时通过软件编程实现一定的时间间隔。

项目实施

一、控制电路设计

（一）设计思路

利用AT89C51单片机芯片的P0口控制1位数码管进行数字、字母和符号的显示。常见的七段LED数码管是发光二极管的集成电路，根据发光二极管的连接方式不同，可分为共阳极连接和共阴极连接。控制数码管显示数字或字符，只要在发光二极管两端施加合适的电压，对应段即可点亮。将数码管的8个控制引脚与单片机的P0口进行对应连接，结合单片机P0口的输出信号，可以实现数码管的控制。

（二）电路图设计

1. P0口结构

本项目利用MCS—51系列单片机的P0口作为输出口使用，图3-1所示为P0口中某一位的位结构电路图。P0口中的每一位都可以作为准双向通用I/O口使用，用于传送数据和地址信息。在系统需要扩展存储器时，P0口还可以作地址/数据线分时复用，使用时应注意：

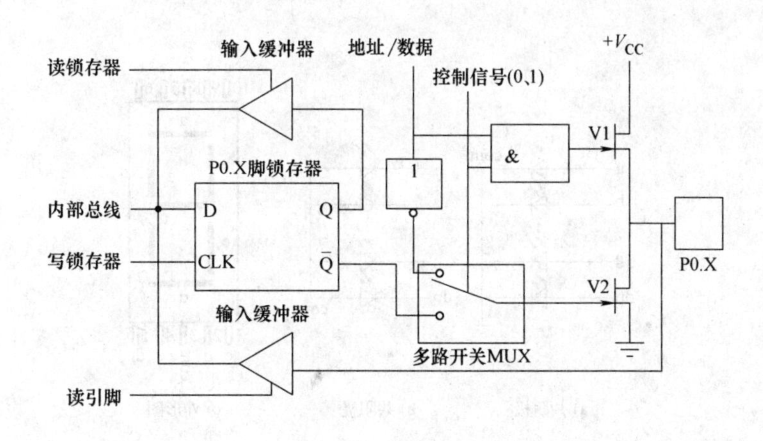

图 3-1　P0 口中某一位的位结构电路图

1）P0 作为地址数据总线时，V1 和 V2 是一起工作的，构成推挽结构。高电平时，V1 打开，V2 截止；低电平时，V1 截止，V2 打开。这种情况下不用外接上拉电阻。而且，当 V1 打开、V2 截止，输出高电平的时候，因为内部电源直接通过 V1 输出到 P0 口线上，因此驱动能力（电流）可以很大，可以驱动 8 个 TTL 负载。

2）P0 作为一般端口时，V1 永远截止，V2 则根据输出数据，0 导通和 1 截止，导通时接地，输出低电平；截止时，P0 口无输出，这种情况就是所谓的高阻浮空状态，如果加上外部上拉电阻，输出就变成了高电平。

3）在某个时刻，P0 口输出的是作为总线的地址数据信号还是作为普通 I/O 口的电平信号，是依靠多路开关 MUX 来切换的。而 MUX 的切换也是根据单片机指令来区分的。当指令为外部存储器 I/O 口读/写指令时，比如“MOVX A，@DPTR”，MUX 切换到地址/数据总线上；而当普通 MOV 传送指令操作 P0 口时，MUX 切换到内部总线上。

从图 3-1 中还可以看出，在读入端口引脚数据时，由于输出驱动 V2 并接在 P0. X 的引脚上，如果 V2 导通就会将输入的高电平拉成低电平，从而产生误读。因此，在端口进行输入操作前，应先向端口锁存器写入 1。因此控制线 C=0，V1 和 V2 全截止，引脚处于悬浮状态，可作高阻抗输入。

2. 数码管控制电路

七段 LED 数码管由 7 个发光二极管做成条状，按图 3-2c 所示形状排列而成，除显示数字的七段之外，还有一个小数点 dp，实为八段显示。图中引脚旁的数字为数码管引脚排列序号。根据 LED 的连接方式不同，分为共阴极和共阳极两种。对于共阴极连接，如图 3-2a 所示，只有当公共端（COM）接低电平，阳极接高电平时对应的字段才点亮；而对于共阳极连接，如图 3-2b 所示，只有当公共端（COM）接高电平，阴极接低电平时对应的段才点亮。公共端（COM）作为数码管的选通控制，称为位选码。在实际应用中，为了保护各段 LED 在正常工作时不被破坏，需外加限流电阻。限流电阻的选取可参照项目二进行，阻值通常选取 200Ω。

要使七段 LED 数码管显示数字，必须提供段选码。段选码又称字形码，是指 a～g7 个电平的取值组合。例如，采用共阴极连接，若要显示“7”的字形，则 a、b、c 端接高电平，而 d、e、f、g 端接低电平，因此有 a=b=c=1，d=e=f=g=0。段选码既可以用软件方法

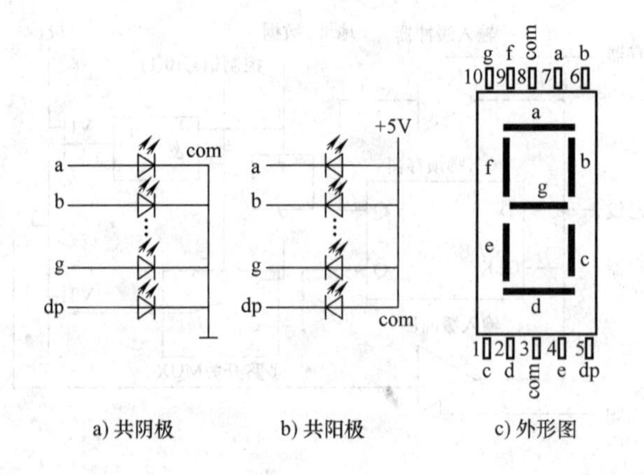

图 3-2　LED 显示器电路结构及引脚

得到，也可以用硬件译码电路的方法得到。

上例中，若数码管与 P0 口的连接采用如图 3-3a 所示的方式，即 a 端与 P0.0 连接，b 端与 P0.1 连接，以此类推，则要显示“7”的字形需使用指令“MOV　P0，＃00000111B”或者“MOV　P0，＃07H”。若数码管与 P0 口连接采用如图 3-3b 所示的方式，则同样显示“7”需使用指令“MOV　P0，＃11100000B”或者“MOV　P0，＃0E0H”。

本设计选用共阴极的七段数码管，与单片机芯片的连接采用图 3-3a 所示的方式。

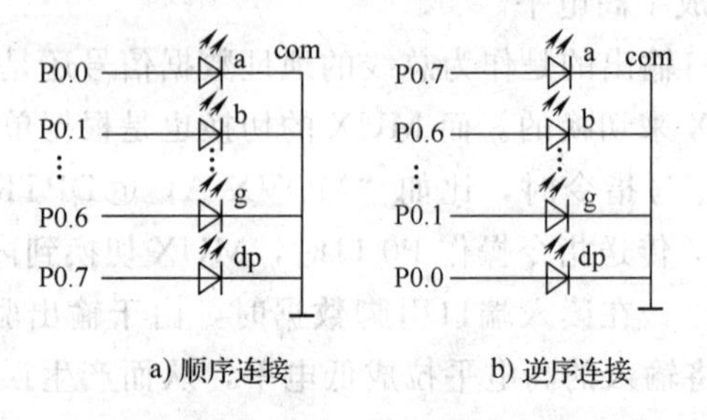

图 3-3　LED 显示器与单片机芯片的连接方式

根据以上分析，得到共阴极数码管的段码表，见表 3-1。表中共阳极数码管的段码，读者可以自己填写完成。

表 3-1　七段 LED 显示字符编码表

显示字符	共阴极段码	共阳极段码	显示字符	共阴极段码	共阳极段码
0	3FH		C	39H	
1	06H		D	5EH	
2	5BH		E	79H	
3	4FH		F	71H	
4	66H		P	73H	
5	6DH		U	3EH	
6	7DH		R	31H	

（续）

显示字符	共阴极段码	共阳极段码	显示字符	共阴极段码	共阳极段码
7	07H		Y	6EH	
8	7FH		8	FFH	
9	6FH		“灭”（黑）	00H	
A	77H		…	…	
B	7CH				

3. 控制电路

本设计选用 AT89C51 单片机芯片，使用片内的程序存储器，$\overline{EA}$/VPP 引脚接高电位。综合以上设计，得到图 3-4 所示的 1 位数码管数字、符号显示控制电路图。

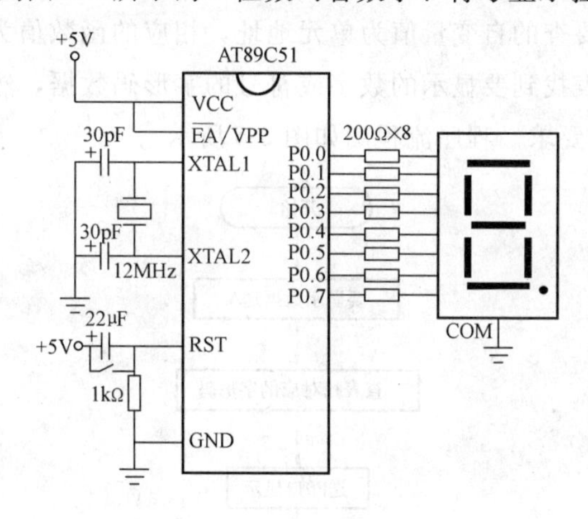

图 3-4 1 位数码管数字、符号显示控制电路图

（三）材料表

通过项目分析和原理图可以总结出实现本项目所需的元器件，元器件参数见表 3-2。

表 3-2 元器件清单

序 号	元器件名称	元器件型号	元器件数量	备 注
1	单片机芯片	AT89C51	1片	DIP 封装
2	数码管	ArkSM42050	1只	共阴极
3	晶振	12MHz	1只	
4	电容	30pF	2只	瓷片电容
		22μF	1只	电解电容
5	电阻	200Ω	8只	碳膜电阻，可用排阻代替
		10kΩ	1只	碳膜电阻
6	按键		1只	无自锁
7	40 脚 IC 座		1片	用于安装 AT89C51 芯片
8	导线			

二、控制程序的编写

（一）绘制程序流程图

本项目中要显示的数字或符号的段码在编写程序时给出，故使用查表程序结构形式实现。查表程序是一种常用程序，它广泛应用于LED显示控制、打印机控制、数据补偿、数值计算、转换等功能程序中，这类程序具有结构简单、执行速度快等优点。

查表程序的关键是定义表格。所谓表格，是指在程序中定义的一串有序的常数，如平方表、字形码表、键码表等。因为程序都是固化在程序存储器（通常是只读存储器ROM类型）中的，因此，可以说表格中的内容是预先定义在程序的数据区中，然后和程序一起固化在ROM中的一串常数。

所谓查表法，是以要查的自变量值为单元地址，相应的函数值为该地址单元中的内容。编程序时只需要通过查表找到要显示的数字或符号的字形码数据，然后通过P0口送出，控制LED数码管就能实现要求。程序流程图如图3-5所示。

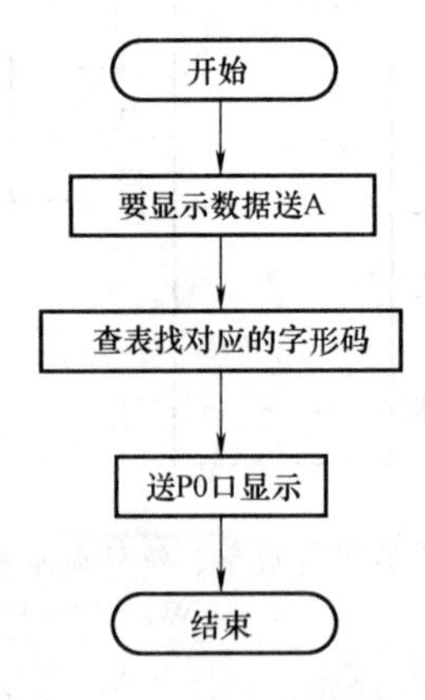

图3-5 数码管显示数字、符号程序流程图

（二）编制汇编源程序

1. 参考程序清单

标号	操作码	操作数	指令功能（注释）
	ORG	0000H	；伪指令，指明程序从0000H单元开始存放
	LJMP	MAIN3	；控制程序跳转到“MAIN3”处执行
	ORG	0300H	；主程序从0300H单元开始
MAIN3：	MOV	A，#6	；将要显示的数字6送累加器A
	MOV	DPTR，#TAB	；将数据表首地址送DPTR
	MOVC	A，@A+DPTR	；取对应数字的段码送A
	MOV	P0，A	；将段码送P0口显示
	SJMP	$	；程序结束
	ORG	0E00H	；存放共阴极字形码

```
TAB:    DB    3FH, 06H, 5BH, 4FH        ; 0、1、2、3代码
        DB    66H, 6DH, 7DH, 07H        ; 4、5、6、7代码
        DB    7FH, 6FH, 77H, 7CH        ; 8、9、A、B代码
        DB    39H, 5EH, 79H, 71H        ; C、D、E、F代码
        DB    73H, 3EH, 31H, 6EH        ; P、U、R、Y代码
        END                             ; 程序结束标记
```

2. 程序执行过程

单片机上电或执行复位操作后，程序回到初始位置0000H单元开始执行。因此在0000H～0002H中存放一条跳转指令“LJMP　MAIN3”，使得程序可以执行完本条指令后跳转到主程序（MAIN3）处执行用户程序。

程序执行完“MOV　A，#6”指令后，即将十进制立即数6送入累加器A中，“6”是我们要通过P0口输出显示的数字。而之所以要先送入累加器A中，是因为要使用的查表指令“MOVC”必须以A为目的单元，而源操作数的获取也必须用到“A”。

指令段“MOV　DPTR，#TAB；MOVC　A，@A+DPTR；MOV　P0，A”即将6的段码“7DH”取出并送P0口显示。

若利用本程序显示其他的数字或符号，只要改变“MOV　A，#6”中给A送的数就可以了。

（三）指令学习

1. 16位数传指令（MOV DPTR，#data16）

汇编指令	指令功能
MOV　DPTR，#data16	将16位立即数送入DPTR寄存器中

这是MCS—51系列单片机指令系统中唯一的一条16位数传送指令，指令中的数据指针DPTR可以看作两个8位的寄存器DPH、DPL，该指令功能是把16位立即数#data16送入DPTR中，其中高8位（D15～D8）送DPH，低8位（D7～D0）送DPL。这条指令用于将程序存储器或数据存储器的地址送入DPTR，以实现对程序存储器或数据存储器的访问。

例如，指令“MOV　DPTR，#236AH”，是将立即数236AH传送到DPTR中，指令执行后，(DPH)＝23H，(DPL)＝6AH。

2. 程序存储器的读指令（MOVC）

汇编指令	指令功能
MOVC　A，@A+DPTR	将（A）＋（DPTR）计算得到的16位数作为程序存储器的单元地址，将此地址单元中的内容取出送入A中
MOVC　A，@A+PC	将（A）＋（PC）计算得到的16位数作为程序存储器的单元地址，将此地址单元中的内容取出送入A中

这两条指令的功能是把程序存储器某单元的内容传送到累加器A。对程序存储器的访问只能采用变址寻址方式。指令执行后不改变基址寄存器的内容。这两条指令通常也被称为查表指令，常用此指令来查找一个已存放在ROM中的表格。

第一条指令是以DPTR为16位基址寄存器，A为8位的变址寄存器。通常DPTR存放表的首地址，A存放待查数在表中的位置。因此表格可在程序存储器空间内任意设置，可在

64KB 内查表，与指令本身的地址无关。例如

存储地址		指令
0100H	MOV	A，#07H
0102H	MOV	DPTR，#0600H
0105H	MOVC	A，@A+DPTR

指令执行后，将程序存储器 0607H 单元的内容传送到累加器 A 中，而与“MOVC”指令所在的地址无关。

第二条指令是以 PC 为 16 位基址寄存器，A 为 8 位变址寄存器。PC 当前值是执行完“MOVC”指令后的地址，即“MOVC”指令所在的地址加 1。由于累加器 A 中是 8 位无符号数，故这条指令只能在以 PC 当前值为基准的＋256B 范围内查表。例如

存储地址		指令
0100H	MOV	A，#10H
0102H	MOVC	A，@A+PC

指令执行过程为：执行指令“MOVC　A，@A＋PC”时，PC 当前值为 0102H＋1＝0103H，而 A 中的值为 10H，则（A＋PC）＝10H＋0103H＝0113H。因此指令执行后，将程序存储器 0113H 单元的内容传送到累加器 A 中。在实际应用中，由于 PC 的取值与程序的执行密切相关，且随程序的运行在变化，因此常选用 DPTR 作为基址寄存器。

［注意］**MOV 和 MOVC 指令都属于送数指令，都可以实现赋值和数据传送功能，但不同的是：MOV 指令传送的数据在片内数据存储器内部进行，既可以用此指令向片内数据存储器的单元或某些位“写”数据，又可以将片内数据存储器的单元或某些位的内容“读”出去，数据的传送是“双向”的；MOVC 指令是将程序存储器单元中的数据“读”到片内数据存储器中进行相关的操作，由于程序存储器存储的程序只能由烧写器或下载线写入，因此 MOVC 指令是“单向”的。**

另外，MOV 指令操作的数据既可以是特定的，也可以是随机的；但是 MOVC 指令读取的数据是根据程序的执行需要事先设定好的，不然的话，程序执行的结果就会出错。

3. 控制转移指令（SJMP）

汇编指令	指令功能
SJMP　rel	将程序跳转到（PC）＋2＋rel 处执行

本条指令给出的是 8 位的 rel，因此可转移的范围只有 256B，即当前 PC 的＋127B～－128B。若写作“SJMP　$”，则重复执行本条指令，进入“原地踏步”状态，意味着程序结束。

4. 伪指令（DB 为定义字节伪指令）

格式：　［标号：］　DB　字节形式的数据表

定义字节伪指令 DB 把字节形式的数据表中的数据依次存放到以标号为起始地址的程序存储器的存储单元中，数据表中的数可以是一个 8 位二进制数，或者是用逗号分开的一组 8 位二进制数，数据的给出形式可以用二进制、十六进制、十进制和 ASCII 码等多种形式表示。

三、程序的仿真与调试

1）运行 Keil 软件，将本项目中的汇编源程序以文件名 MAIN3. ASM 保存，添加到工

程文件中并进行软件仿真的设置，如图 3-6 所示。

2）利用 Keil 进行文件编译、仿真。将已经存储完成的文件进行编译，编译成功的程序在写入芯片前，可以先进行计算机软件仿真，通过观察分析存储器中相关数据的变化，分析源程序是否正确。

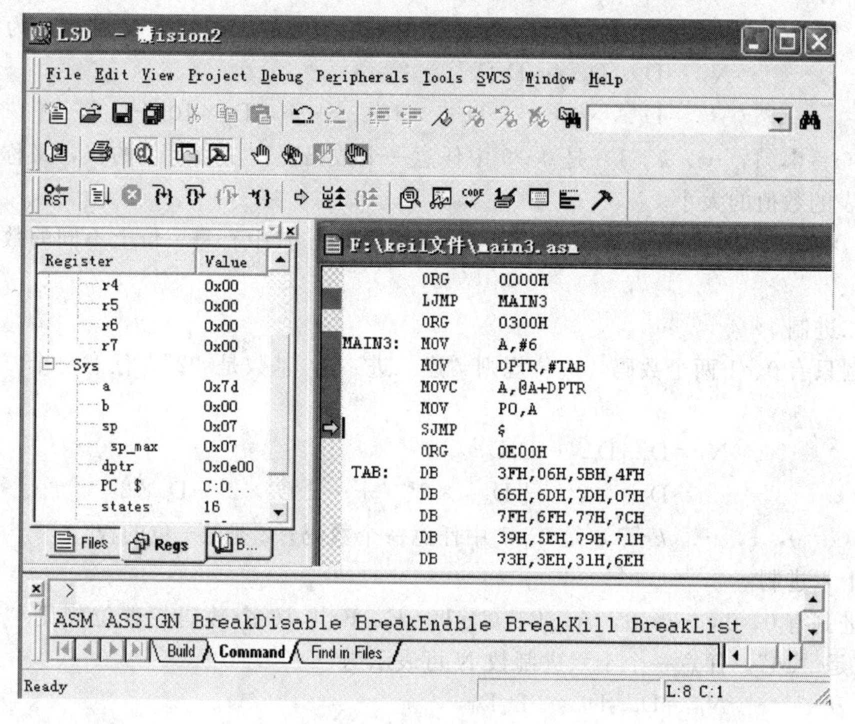

图 3-6　软件仿真分析存储器内容

3）程序的下载及运行。利用编程器将汇编完成的文件下载到所用的芯片中，安装到焊接好的电路板上，通电后运行程序，观察数码管的数字变化，理解段码的意义。

4）修改源程序，改变累加器 A 中的值，重复以上步骤，观察数码管的显示数字，理解段码的意义。

知识点链接

单片机中数据的表示

单片机中数据信息分为两种类型：一种是用于各种数值运算的数值型数据；另一种是用于逻辑运算、逻辑控制等的非数值型数据。

一、数值型数据

数值型数据的表示又分为数制表示法和码制表示法两种。

（一）数制

数制是进位计数制的简称，是计数的方法。日常生活中人们多用十进制，而单片机中常用二进制和十六进制。

1. 三种数制的表示方法

(1) 十进制

十进制有0，1，…，9共10个数码，进位规则是“逢十进一”。通常将计数数码的个数称作基数。因此，十进制基数是“10”。任意一个k位整数的十进制数N都可写为

$$N_{10}=D_{k-1}D_{k-2}\cdots D_1D_0$$
$$=D_{k-1}\times10^{k-1}+D_{k-2}\times10^{k-2}+\cdots+D_1\times10^1+D_0\times10^0$$

式中，D_i（$i=0,1,\cdots,k-1$）是0～9中任意一个数码；10^i是第i位的权，又称权位，表示D_i所代表的数值的大小。

例如：将452按权展开为$4\times10^2+5\times10^1+2\times10^0$，其中有每一位上不同的数码表示不同的大小。

(2) 二进制

二进制只有0、1两个数码，进位规则“逢二进一”，基数是“2”。任意一个二进制数N可写为

$$N_2=D_{k-1}D_{k-2}\cdots D_1D_0$$
$$=D_{k-1}\times2^{k-1}+D_{k-2}\times2^{k-2}+\cdots+D_1\times2^1+D_0\times2^0$$

式中，D_i（$i=0,1,\cdots,k-1$）是0～1中任意一个数码；2^i是第i位的权。

(3) 十六进制

十六进制有0，1，…，9，A，B，C，D，E，F共16个数码，进位规则“逢十六进一”，基数是“16”。任意一个十六进制数N可表示为

$$N_{16}=D_{k-1}D_{k-2}\cdots D_1D_0$$
$$=D_{k-1}\times16^{k-1}+D_{k-2}\times16^{k-2}+\cdots+D_1\times16^1+D_0\times16^0$$

为区别不同进制的数，在数的表示中采用了不同后缀：十进制十用D表示或省略；二进制十用B表示；十六进制数H表示。当十六进制数以A～F开始时，需在前面加一个0。表3-3列出十进制、二进制、十六进制数的对应关系。

表3-3　进制对应表

十进制数	二进制数	十六进制数	十进制数	二进制数	十六进制数
0	**000**0B	0H	9	1001B	9H
1	**000**1B	1H	10	1010B	0AH
2	**00**10B	2H	11	1011B	0BH
3	**00**11B	3H	12	1100B	0CH
4	**0**100B	4H	13	1101B	0DH
5	**0**101B	5H	14	1110B	0EH
6	**0**110B	6H	15	1111B	0FH
7	**0**111B	7H	16	**000**1 0000B	10H
8	1000B	8H	17	**000**1 0001B	11H

注：表中黑体数字0是为了表示二进制与十六进制的对应关系（每一位十六进制数码都有一组四位二进制数与之相对应）而补的位。

2. 数制的转换

因本书后续介绍的实例使用的都是整数，所以以下只介绍数制间整数部分的转换方法。

关于小数部分的转换方法，请参考其他书籍。

1）非十进制数转换为十进制数，将非十进制数按权展开求和即得十进制数。

［**例 3-1**］将 1001B，2A3H 转换为十进制数。

解：$1001B=1\times2^3+0\times2^2+0\times2^1+1\times2^0=8+1=9$

$2A3H=2\times16^2+A\times16^1+3\times16^0=512+160+3=675$

2）十进制数转换为非十进制数采用“除基取余”法，即用十进制数逐次去除所求数的基数并依次记下余数，直到商为 0 止，首次所得余数为所求数的最低位，末次所得余数为所求数的最高位。

［**例 3-2**］将 25 转换成二进制数。

解：所求数是二进制数，基数是“2”，则

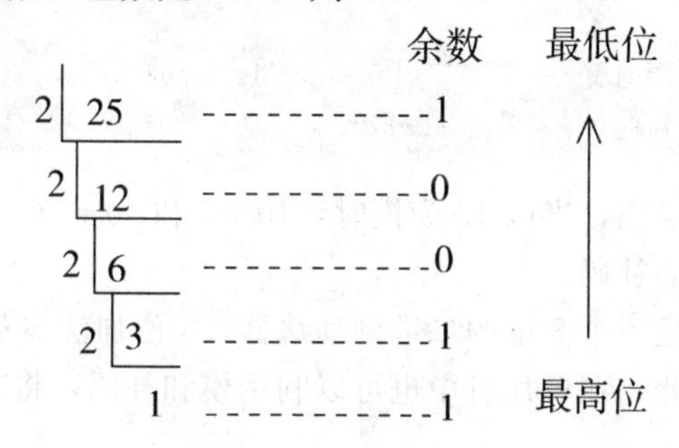

即 $25_{10}=11001B$。

［**例 3-3**］将 361 转换成十六进制数。

解：所求数是十六进制数，基数是“16”，则

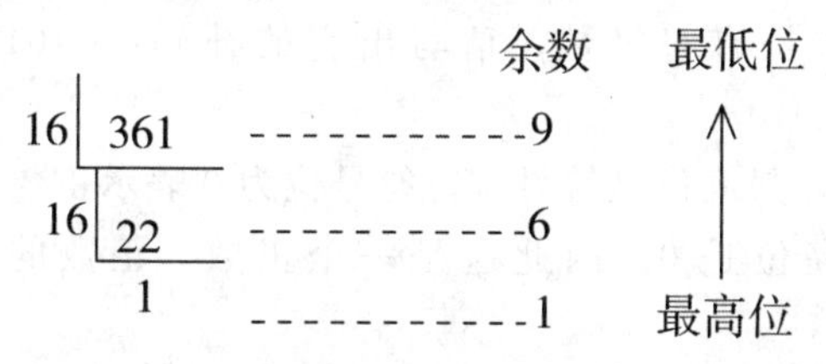

即 $361_{10}=169H$。

3）二进制数转换成十六进制数采用“4 位并 1”法，即将二进制数按从低位到高位的顺序每 4 位一组分组，不足 4 位的补 0，然后写出每组等值的十六进制数。

［**例 3-4**］将 10011100110001B 转换成十六进制数。

解：10011100110001B＝0010 0111 0011 0001B＝2731H

4）十六进制数转换为二进制数采用“1 位 4 分”法，将每位十六进制数用 4 位二进制数代替即得到对应的二进制数。

［**例 3-5**］将 4AC7H 转换成二进制数。

解：4AC7H＝0100 1010 1100 0111B＝100101011000111B

3. 有符号数的表示方法

前面所提到的二进制数，没有涉及符号问题，是一种无符号数。那么对于有符号数在单片机中怎样表示？由于数的符号只有“正”、“负”两种情况，所以在单片机中把一个数的最高位作为符号位，用以表示数的正负：“0”表示正数，“1”表示负数。这就是一个符号数在单

片机中的表示形式，称之为机器数。机器数在单片机中又以补码形式表示。下面通过例子来简单说明补码的概念。

一般把一个计数系统可表示数的个数称为它的模。例如，钟表可以表示 12 个钟点，它的模为 12；又如，一个 n 位二进制计数系统，它可以表示 2^n 个不同的数，它的模数为 2^n。模具有这样的性质：当模为 M 时，M 和 0 表示形式是相同的。钟表的模是"12"，所以钟表的 0 点和 12 点的表示形式相同。n 位二进制计数器，可以从 0 开始记数到（2^n-1），如果再加 1，计数器就变成了 0，所以 2^n 和 0 在 n 位二进制计数器中的表示形式是一样的。因此也可以看出，当一个计数器系统计数到模时，模会自动丢失。引入模的概念后，可以把减法改成加法来运算。例如，当前北京时间为 3 点，而钟表停在 10 点，这时你可以顺时针拨 5h，也可以逆时针拨 7h。如果顺时针为加法，逆时针为减法，则可以得到下面两个表达式：

顺时针	$10+5=12+3=3$	（模为 12）
逆时针	$10-7=10+(-7)=3$	

比较以上两个表达式可以发现，当以 12 为模时，10＋5 和 10＋（－7）两种运算等价的。这里"5"就被称为"－7"的补码。

在单片机中，使用的是一个 8 位的二进制加法器，8 位加法器最高的进位也和钟表的时针一样会自动丢失模。因此，在单片机中也可以利用模和补码，将减法运算转换成加法运算来进行。

求一个二进制数补码的方法是：

1）正数的补码是它本身。

2）负数的补码是保持符号位不变，数值位逐位取反后加 1 即得。

[**例 3-6**] 已知下列数是有符号数，请写出它的补码：①01010011B，②10010011B，③01111111B，④11111111B。

解：对有符号数来说，最高位是符号位，符号位为 0 表示正数，为 1 表示负数。

1）01010011B 的最高位是 0，因此这是一个正数。正数的补码是它的本身，所以 $01010011B_{补码}=01010011B$

2）10010011B 的最高位是 1，它是一个负数。求负数的补码分两步：

第一步是保持符号位数不变，数值取反，所以 $10010011B_{反码}=11101100B$。

第二步是加 1。将以上取反得到的数码末位加 1 即得到所求数的补码，$10010011B_{补码}=11101101B$。

3）01111111B 是正数，所以 $01111111B_{补码}=01111111B$。

4）11111111B 是负数，符号位不变、数值位取反为 10000000B，再加 1 得补码，$11111111B_{补码}=10000001B$。

[**例 3-7**] 已知下列数是二进制数的补码，求它们的原码并转换成十进制数。

1）01001001B，2）11010010B，3）01111111B，4）11111111B。

解：1）由 01001001B 的符号位判断这是一个正数，正数的原码与补码相同，所以

$$01001001B_{补码}=01001001B_{原码}$$

将正数原码的数值位按权展开即得十进制数，所以

$$01001001B=1\times2^6+1\times2^3+1\times2^0=64+8+1=73$$

2）由 10010011B 符号位判断它是负数，求负数的原码也分为两步（求补码的逆过程）：一是先将数值位减 1，得 10010010B；二是符号位数不变数值位取反便可得所求数原码，即 $10010011B_{原码}=11101101B$。将负数原码的数值位按权展开所得数，是十进制的绝对值，有

$$1101101B=1\times2^6+1\times2^5+1\times2^3+1\times2^2+1\times2^0=64+32+8+4+1=109$$

考虑符号位，有 11101101B＝－109，因此，10010011B 的原码是 11101101B，所对应的十进制数是－109。

3）01111111 是正数的补码，因此其原码是 01111111B，所对应的十进制数是（2^7-1）＝127。

4）11111111B 是负数的补码，数值位减 1 为 11111110B，符号位不变数值取反得 10000001B，即 11111111B 的原码是 10000001B，所对应的十进制是－1。

为使读者便于将二进制数与无符号十进制数或有符号十进制数相对应，现将其对应关系列于表 3-4 中，以供查阅。

表 3-4　8 位二进制数的对应关系

二 进 制 数	无符号十进制数	有符号十进制数
00000000B	0	0
00000001B	1	+1
00000010B	2	+2
…	…	…
01111110B	126	+126
01111111B	127	+127
10000000B	128	−128
10000001B	129	−127
…	…	…
11111101B	253	−3
11111110B	254	−2
11111111B	255	−1

（二）BCD 码

单片机处理的数据是二进制数，而人们习惯使用十进制数。为实现人机交互，产生了用 4 位二进制数码表示的 1 位十进制数，称为二进制编码的十进制，简称 BCD 码。4 位二进制数可以表示 16 个数，用来表示十进制数时，有 6 个数未用，因而就有多种 BCD 码，其中比较常用的是 8421BCD 码。8421BCD 码是一种有权码，它选用了 4 位二进制数的前 10 个数 0000～1001，而未用 1010～1111 这 6 个数，每个代码的位权分别是 8，4，2，1。表 3－5 列出 8421BCD 码与十进制、十六进制及二进制的对应关系。

表 3-5 8421BCD 码对照表

十进制	十六进制	二进制	BCD 码	十进制	十六进制	二进制	BCD 码
0	0	0	0000	10	A	1010	00010000
1	1	1	0001	11	B	1011	00010001
2	2	10	0010	12	C	1100	00010010
3	3	11	0011	15	F	1111	00010101
4	4	100	0100	16	10	10000	00010110
5	5	101	0101	100	64	100000000	000100000000

二、非数值型数据

（一）逻辑数据

逻辑数据只能参加逻辑运算。基本逻辑运算包括与、或、非三种运算。参加运算的数据是按位进行的，位与位之间没有进位和借位关系。在单片机中，逻辑数据也是用二进制数0、1表示，但这里的0、1不代表数量的大小，而表示两种状态，如电平的高、低；事件的真、假；结论的成立、不成立等。

［**例 3-8**］已知 A=00110100B，B=10010011B，对 A、B 按位分别进行与运算和或运算。

解：与运算的符号为“∧”，运算规则是：

0∧0=0；0∧1=0；1∧0=0；1∧1=1

或运算的符号为“∨”，运算规则是：

0∨0=0；0∨1=1；1∨0=1；1∨1=1

所以，对 A、B 按位分别进行与运算和或运算的结果为

A∧B=00110100B∧10010011B=00010000B；A∨B=00110100B∨10010011B=10110111B

［**例 3-9**］已知 A=00101101B，对 A 取反运算。

解：对 A 取反运算是按位进行的，如果将 A 反记作 $\bar{A}$，则 $\bar{A}$=11010010B。

（二）字符数据

字符数据主要用于单片机与外部设备交换信息。单片机除对数值数据进行各种运算外，还需要处理大量的字母和符号信息，这些信息统称为字符数据。例如，向液晶显示器、打印机输出的字符，从键盘输入的字符等。由于单片机只能直接识别二进制数，所以字符数据必须用二进制数编码，单片机才能对它们进行处理。目前在单片机系统中通用的编码是美国标准信息交换码，简称 ASCII 码。

标准 ASCII 码由 7 位二进制数构成，可表示 128 个字符编码，详见附录 C。这 128 个字符分为两类：一类是图形字符，共 96 个；另一类是控制字符，共 32 个。96 个图形字符包括十进制数符 10 个、大小写英文字母 52 个和其他字符 34 个，这类字符有特定的形状，可以在显示器上显示或在打印机纸上打印，其编码可以存储、传送和处理。32 个控制符包括回车符、换形符、后退符、控制符和信息分隔符等，这类字符没有特定的形状，编码虽然可以存储、传送和起某种控制作用，但字符本身不能在显示器上显示，也不能在打印机上打印。

在 8 位单片机中，信息通常是按字节存储和传送的，ASCII 码共有 7 位，按一个字节进行传送时，空闲的最高位可设置为 0。

项目测试

一、计算题

1. 将下列十进制数转换成二进制数：

(A) 24　(B) 96　(C) 127　(D) 256　(E) 1024

2. 把下列十六进制数转换为二进制数和十进制数：

(A) 10AH　(B) EFH　(C) 40DC3H　(D) 0FFH

二、编程及问答题

1. 仔细观察七段数码管共阴极与共阳极段码的区别，能发现什么规律？
2. 设计一程序，使LED显示器依次显示3～7之间的数字。
3. 对ROM执行数据传送的指令是单向的还是双向的？

项目评估

项目评估表

评价项目	评价内容	配分/分	评价标准	得分
硬件电路	电子电路基础知识	20	掌握单片机芯片对应引脚的名称、序号、功能　5分	
			掌握单片机最小系统原理分析　10分	
			认识电路中各元器件功能及型号　5分	
焊接工艺	元器件整形、插装	5	按照原理图及元器件焊接尺寸正确整形、安装	
	焊接	5	符合焊接工艺标准	
程序编制、调试、运行	指令学习	10	正确理解程序中所用指令的意义	
	程序分析、设计	20	能正确分析程序的功能　10分	
			能根据要求设计功能相似的程序　10分	
	程序调试与运行	20	程序输入正确　5分	
			程序编译仿真正确　5分	
			能修改程序并分析　10分	
安全文明生产	使用设备和工具	10	正确使用设备及工具	
团结协作	集体意识	10	各成员分工协作，积极参与	

项目四　2位数字、符号显示控制

项目目标

通过单片机控制2位数码管显示数字0～99，进一步掌握MCS—51系列单片机P2口进行输出控制的方法，以及数码管的编码方法，学习汇编程序的分析及编写方法，能熟练运用CJNE、算术运算和逻辑运算指令。

项目任务

应用AT89C51芯片，控制2位数码管循环显示0～99共100位数字。设计控制电路并编程实现此操作。

项目分析

将单片机的P0口和P2口用作输出口，与2位数码管进行有序连接，控制数码管显示0～99的数字。

项目实施

一、控制电路设计

（一）设计思路

利用AT89C51单片机芯片P0口和P2口连接2个七段数码管，定义其中一个表示"十位"，另一个表示"个位"，通过控制P0口和P2口的输出，循环显示0～99的数字。

（二）电路图设计

1. P2口结构

利用MCS—51系列单片机的P2口中的每一位都可以作为准双向通用I/O口使用，用于传送数据和地址信息。在系统需要扩展存储器时，P2口输出地址的高8位。图4-1所示为P2口其中某一位的位结构电路图。

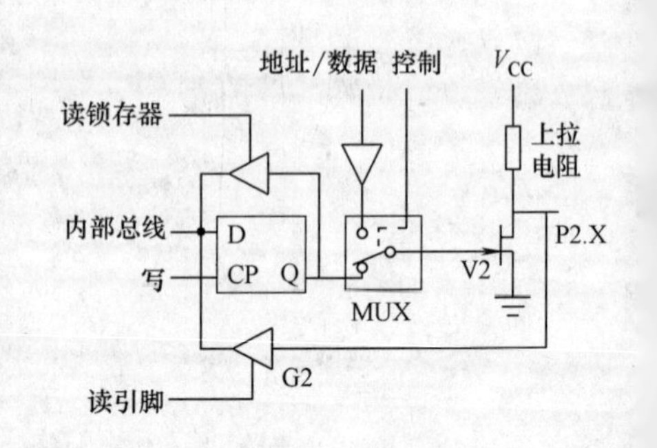

图4-1　P2口中某一位的位结构电路图

从图4-1中可看到，P2口某位的位结构与P0口类似，有MUX开关。驱动部分与P1口类似，但比

P1口多了一个转换控制部分。当CPU对片内存储器和I/O口进行读/写时，由内部硬件自动使开关MUX倒向锁存器的Q端，这时，P2口为一般I/O口。

当系统扩展片外ROM和RAM时，由P2口输出高8位地址。此时，MUX开关在CPU的控制下，转向内部地址线的一端。因为访问片外ROM和RAM的操作往往连续不断，所以，P2口要不断送出高8位地址，此时P2口无法再用作通用I/O口。

在不需要外接ROM而只需扩展256B片外RAM的系统中，使用“MOVX@Ri”类指令访问片外RAM时，寻址范围是256B，只需8位地址线就可以实现。P2口不受该指令影响，仍可作通用I/O口使用。

2. 数码管控制电路

本项目选择2位共阳极数码管进行数字0～99的显示。由P0口固定控制“十位”数字，P2口固定控制“个位”数字，此种控制显示器的方式为静态显示方式。当数码管显示某个字符时，相应的段（发光二极管）恒定地导通或截止，直到显示另一个字符为止。例如，数码管a、b、c段恒定导通，其余段和小数点恒定截止时，显示“7”，当更换显示另一个字符“0”时，数码管的a、b、c、d、e、f段恒定导通，g、dp段截止。

数码管工作于静态显示方式时，各位的共阴极（公共端com）接地，若为共阳极（公共端Com）接+5V电源。每位的段选线（a～dp）分别与一个8位输出口相连，显示器中的各位相互独立，而且各位的显示字符一经确定，相应的输出将维持不变。正因为如此，静态显示器的亮度较高。这种显示方式编程容易，管理也比较简单，但占用I/O口线资源较多，因此，在显示位数较多的情况下，不适合采用。

3. 控制电路

本设计选用AT89C51单片机芯片，利用片内ROM存储程序，因此$\overline{EA}$/VPP引脚接高电位。

综合以上设计，得到图4-2所示的电路图。

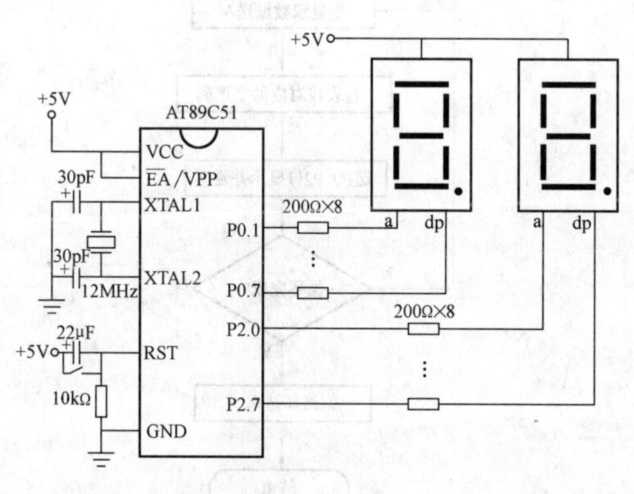

图4-2　2位数码管数字、符号显示控制电路图

（三）材料表

通过项目分析和原理图可以总结出实现本项目所需的元器件，元器件参数如表4-1所示。

表 4-1 元器件清单

序号	元器件名称	元器件型号	元器件数量	备注
1	单片机芯片	AT89C51	1 片	DIP 封装
2	数码管	LG5011BSR	2 只	共阳极
3	晶振	12MHz	1 只	
4	电容	30pF	2 只	瓷片电容
		22μF	1 只	电解电容
5	电阻	200Ω	16 只	碳膜电阻
		10kΩ	1 只	碳膜电阻
6	按键		1 只	无自锁
7	40 脚 IC 座		1 片	用于安装 AT89C51 芯片
8	导线			

二、控制程序的编写

（一）绘制程序流程图

本项目要显示的数字的段码仍然采用查表的方式，而要循环显示 0～99 的数字，需要应用循环程序结构。前面讲到的简单顺序程序，程序中的指令一般只执行一次。而在一些实际应用系统中，往往同一操作要执行许多次，这种强制 CPU 多次重复执行一串指令的基本程序结构称为循环结构。它的特点是程序中含有可以重复执行的程序段，可以缩短程序代码，减少占用程序的空间，优化程序结构。循环程序通常有两种编制方法：一种是先执行再判断；另一种是先判断条件再执行。本项目采用第一种方法编写，程序流程图如图 4-3 所示。

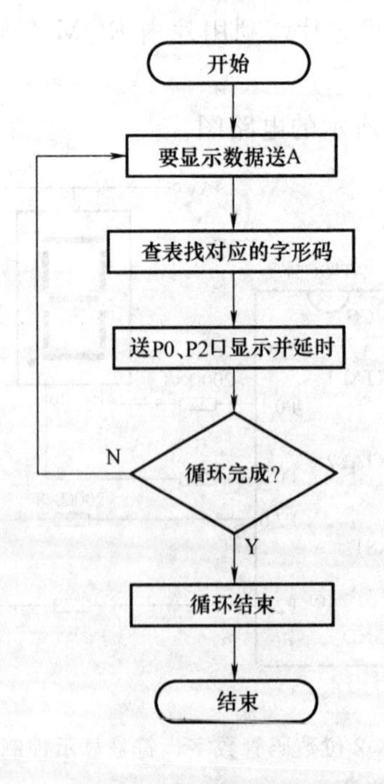

图 4-3 2 位数码管数字、符号显示程序流程图

（二）编制汇编源程序

1. 参考程序清单

标号	操作码	操作数	指令功能（注释）
	ORG	0000H	
	LJMP	MAIN4	；控制程序跳转到主程序 MAIN4 处
	ORG	0400H	
MAIN4：	MOV	R2，#100	；设置循环次数
	MOV	A，#00H	；设置最初显示的数字
LOOP：	LCALL	DISPLAY	；调用显示子程序
	LCALL	DELAY	；调用延时子程序
	INC	A	；设置下个要显示的数字
	DEC	R2	；监测循环次数
	DJNZ	R2，LOOP	；判断循环是否结束
	LJMP	$	；循环结束程序结束
DISPLAY：	MOV	R3，A	；将 A 中内容送 R3 保存
	MOV	DPTR，#TAB2	；将字形码表头地址送入 DPTR 中
	MOV	B，#10	；将 10 送入寄存器 B 中
	DIV	AB	；进行除法运算，将要显示的数分为十位（存放在 A 中）和个位（存放在 B 中）
	MOVC	A，@A+DPTR	；取十位数的段码
	MOV	P0，A	；将十位数段码送 P0 口显示
	MOV	A，B	；个位数送 A
	MOVC	A，@A+DPTR	；取个位数的段码
	MOV	P2，A	；将个位数段码送 P2 口显示
	MOV	A，R3	；恢复 A 中的原值
	RET		；子程序返回
	ORG	0E30H	；共阳极段码存放地址
TAB2：	DB	0C0H，0F9H，0A4H	；0、1、2 代码
	DB	0B0H，99H，92H	；3、4、5 代码
	DB	82H，0F8H，80H	；6、7、8 代码
	DB	90H	；9 代码
	ORG	0F00H	
DELAY：	MOV	R7，#10	；仍然调用项目二中的延时程序
	⋮		
	RET		
	END		

2. 程序执行过程

单片机上电或执行复位操作后，执行 0000H～0002H 中存放的跳转指令“LJMP MAIN4”，使得程序可以跳转到主程序（MAIN4）处执行用户程序。

由于要显示的数据是 0～99 共 100 个数字，主程序要循环 100 次，因此在主程序中使用“MOV R2，#100”来设置循环次数。接着定义要显示的第一个数字“0”，使用指令“MOV A，#00H”完成。本程序中利用以上两条指令完成了初始化过程。

然后利用“LCALL DISPLAY”指令转去执行显示子程序。显示子程序将寄存器 A 中

0～99之间的整数利用除法指令进行拆分。执行指令“DIV　AB”，将A中数据除以10，商（十位）存放在A中，余数（个位）存放在B中。然后利用查表指令取得对应的段码，送对应输出口显示即可。

显示子程序执行结束返回主程序后，接着执行延时子程序DELAY，延时程序的分析同项目一。

显示完一个数字后，利用“INC　A”指令将要显示的下一个数据准备好，同时利用“DEC　R2和CJNE R2，#00H，LOOP”指令进行循环次数（显示数字个数）的判断。若已经显示完100个数字，则程序结束，若没有显示完，则返回“LOOP”处继续执行程序。

（三）指令学习

1. 算术运算指令

MCS—51系列单片机指令系统中，算术运算指令包括加、减、乘、除四则运算，都是针对8位二进制无符号数进行的，如要进行带符号或多字节二进制运算，需编写程序，通过执行程序实现。

1）加法类指令。加法指令有8条，其中不带进位加法和带进位加法各4条。

①不带进位的加法指令（ADD）

操作码	操作数	指令功能
ADD	A，　Rn	将A中内容与Rn中内容相加，结果送A
ADD	A，　direct	将A中内容与direct中内容相加，结果送A
ADD	A，　@Ri	将A内容与间址寄存器Ri内容相加，结果送A
ADD	A，　#data	将A中内容与立即数data相加，结果送A

以上指令在应用时，用户既可以根据需要把参加运算的两个数看作无符号数（0～255），也可以把它们看作有符号数。若看成有符号数，则要转换成补码形式（－128～＋127）进行运算。不论用户把两个操作数看作是无符号数还是有符号数，单片机总是按无符号数的运算规则进行运算并产生PSW的标志位：进位标志位CY、辅助进位标志位AC、溢出标志位OV、奇偶校验位P，其中溢出标志位OV只在进行有符号数运算时才有意义。

［**例4-1**］设（A）＝0C3H，（R0）＝OAAH，求执行指令：“ADD　A，　R0”后的相关变化。

```
解：    (A)：       1100    0011    0CH
     ＋(R0)：       1010    1010    AAH
                1   0110    1101    6DH
```

因此指令执行后：（A）＝6DH，（R0）＝0AAH，标志位CY＝1，OV＝1，AC＝0。

［**例4-2**］内部RAM中40H和41H单元分别存放两个加数，相加结果存放在42H，编写程序。

解：满足题设的程序为：

源程序	注释
MOV　R0，#40H	；设定首单元地址
MOV　A，@R0	；取第一个加数
ADD　R0，#01H	；利用加法指令得到第二个单元地址
ADD　A，@R0	；两单元中数据相加
ADD　R0，#01H	；利用加法指令得到第三个单元地址
MOV　@R0，A	；存结果

②带进位的加法指令（ADDC）

操作码	操作数	指令功能
ADDC	A，　Rn	将A中内容与Rn中内容以及CY位相加，结果送A
ADDC	A，direct	将A中内容与direct中内容以及CY位相加，结果送A
ADDC	A，　@Ri	将A中内容与间址Ri中内容以及CY位相加，结果送A
ADDC	A，#data	将A中内容与立即数data以及CY位相加，结果送A

这组指令常用于多字节数的加法运算，由于在相加的三个数中有CY位，可以将低位相加时出现的进位考虑在内。

［**例4-3**］编写程序，使3字节无符号数相加，被加数放在内部RAM22H～20H单元，加数放在内部RAM2CH～2AH单元，和存放在内部RAM23H～20H单元（数据存放时高位在前）。

解：满足题设的程序为：

标号	源程序	注释
	MOV　R0，　#20H	；被加数首地址
	MOV　R1，　#2AH	；加数首地址
	MOV　R7，　#03H	；字节数
	CLR　C	；清CY
LOOP：	MOV　A，　@R0	；取被加数一个字节
	ADDC　A，　@R1	；与加数的一个字节相加
	MOV　@R0，　A	；暂存中间结果
	ADD　R0，#01H	；地址增量
	ADD　R1，#01H	
	DJNZ　R7，LOOP	；次数减1，不为0转移
	CLR　A	
	ADDC　A，　#00H	；处理进位
	MOV　　@R0，　A	；存进位

相加结果占据加数单元，但因可能产生进位，所以3字节相加完成后，还要进行进位的处理，使之也占据一个单元，因此相加的和可能在4个单元之中。

［注意］：**ADD和ADDC指令在使用时，ADD仅适用于单字节加法运算，而ADDC即可以适用于单字节加法，又可以适用多字节加法，只是利用ADDC指令进行多字节加法运算的低字节相加时，应先对CY进行清零。**

2）带借位的减法指令（SUBB）。在MCS—51系列单片机指令系统中，减法指令只有4条，为带借位的减法指令。

操作码	操作数	指令功能
SUBB	A，　Rn	将A中内容减去Rn中内容以及CY位，结果送A
SUBB	A，　direct	将A中内容减去direct中内容以及CY位，结果送A
SUBB	A，　@Ri	将A中内容减去间址Ri中内容以及CY位，结果送A
SUBB	A，　#data	将A中内容减去立即数data以及CY位，结果送A

在多字节减法运算中，低字节有时会向高字节借位（CY置1），所以在高字节运算中就要用到带借位的减法指令，由于MCS—51系列单片机指令系统中没有不带借位的减法指令，所以若进行不带借位的减法运算（低字节或单字节相减）时，应在“SUBB”指令前用“CLR　C”指令将CY清零。

另外，减法指令也影响PSW中的标志位，若第7位有借位，则CY置1，否则清0；若第3位有借位，则AC置1，否则清0。两个带符号数相减，还要考虑OV位，若OV为1，则由于溢出而表明结果是错误的。

［例4-4］ 编写程序，使3字节无符号数相减，被减数存放在42H～40H，减数存放在52H～50H，差值存放在43H～40H，编写程序（数据存放时高位在前）。

解：满足题设的程序为：

标号	源程序	注释
	MOV　R0，　#40H	；被减数首地址
	MOV　R1，　#50H	；减数首地址
	MOV　R7，　#03H	；字节数
	CLR　C	；清CY
LOOP：	MOV　A，　@R0	；取被减数一个字节
	SUBB　A，　@R1	；与减数的一个字节相减
	MOV　@R0，　A	；暂存中间结果
	ADD　R0，#01H	；地址增量
	ADD　R1，#01H	
	DJNZ　R7，LOOP	；次数减1，不为0转移
	CLR　A	
	ADDC　A，　#00H	；处理借位
	MOV　@R0，　A	；存借位

3）乘法指令（MUL）。在MCS—51系列单片机指令系统中，只有1条乘法指令，即MUL。

操作码	操作数	指令功能
MUL	AB	把累加器A和寄存器B中两个8位无符号数相乘，所得16位积低字节存放在A中，高字节存放在B中

［注意］执行这条指令后，若乘积大于0FFFFH，则OV置1，否则清0；CY总是被清零。

［例4-5］（A）＝4EH，（B）＝5DH，执行指令“MUL　AB”后结果怎样？

解：(B) =1CH，(A) =56H，表示积为1C56H。

4）除法指令（DIV）。在MCS—51系列单片机指令系统中，只有1条除法指令，即DIV。

操作码	操作数	指令功能
DIV	AB	两个8位无符号数的相除，被除数置于累加器A中，除数置于寄存器B中。指令执行完毕后，商存于A中，余数存于B中。

［注意］**执行本条指令后，CY和OV均被清0。若（B）=00H，则结果无法确定，用OV=1表示，而CY仍为0。**

［**例4-6**］(A) =0BFH，(B) =32H，执行指令“DIV　AB”后结果怎样？

解：(A) =03H，(B) =29H，表示商为03H，余数为29H。

2. 逻辑运算指令

MCS—51系列单片机指令系统共提供了25条逻辑操作指令，包括对两个8位二进制数的与、或、异或逻辑运算以及累加器A的清零、取反、移位等操作。其中，两操作数的逻辑与、或、异或三种运算指令，每种各有6条指令，共18条。

1）逻辑与运算指令（ANL）。逻辑运算都是按位进行的，逻辑与运算用符号“∧”表示。六条逻辑与运算指令如下：

操作码	操作数	指令功能
ANL	A，　Rn	累加器A中内容与寄存器Rn中内容进行“与”运算，并把结果送A
ANL	A，direct	累加器A中内容与direct单元中内容进行“与”运算，并把结果送A
ANL	A，@Ri	累加器A中内容与间址寄存器Ri中内容进行“与”运算，并把结果送A
ANL	A，#data	累加器A中内容与立即数data进行“与”运算，并把结果送A
ANL	direct，A	direct单元中内容与累加器A中内容进行“与”运算，并把结果送direct
ANL	direct，#data	direct单元中内容与立即数data进行“与”运算，并把结果送direct

由于逻辑与运算的特点是：零“与”任何数都等于零，所以本类指令通常用来对某些特定位进行清零操作，以得到想要的结果。

［**例4-7**］将片内RAM中20H单元中存放的2位BCD码拆开，并分别存储在片内RAM的30H、31H单元。编写程序。

解：满足题设的程序为：

源程序	注释
MOV　A，　20H	；取20H单元内容
ANL　A，　#0FH	；将高4位清零，保留低4位
MOV　30H，　A	；将低位BCD送30H
MOV　A，　20H	；再取20H单元内容
ANL　A，　#0F0H	；将低4位清零，高4位保留
MOV　31H，　A	；将高位BCD送31H

2）逻辑或指令（ORL）。逻辑或运算指令用符号“∨”表示，六条逻辑或运算指令如下：

操作码	操作数	注释
ORL	A， Rn	累加器 A 中内容与寄存器 Rn 中内容进行“或”运算，并把结果送 A
ORL	A，direct	累加器 A 中内容与 direct 单元中内容进行“或”运算，并把结果送 A
ORL	A，@Ri	累加器 A 中内容与间址寄存器 Ri 中内容进行“或”运算，并把结果送 A
ORL	A，#data	累加器 A 中内容与立即数 data 进行“或”运算，并把结果送 A
ORL	direct，A	direct 单元中内容与累加器 A 中内容进行“或”运算，并把结果送 direct
ORL	direct，#data	direct 单元中内容与立即数 data 进行“或”运算，并把结果送 direct

由于逻辑或运算的特点是：1“或”任何数都等于 1，所以本类指令通常用来对某些特定位进行置 1 操作，以得到想要的结果。

3）逻辑异或运算指令（XRL）。异或的运算符号是⊕，其运算规则是：0⊕0＝0，1⊕1＝0，0⊕1＝1，1⊕0＝1。六条异或运算指令为：

操作码	操作数	指令功能
XRL	A， Rn	累加器 A 中内容与寄存器 Rn 中内容进行“异或”运算，并把结果送 A
XRL	A，direct	累加器 A 中内容与 direct 单元中内容进行“异或”运算，并把结果送 A
XRL	A，@Ri	累加器 A 中内容与间址寄存器 Ri 中内容进行“异或”运算，并把结果送 A
XRL	A，#data	累加器 A 中内容与立即数 data 进行“异或”运算，并把结果送 A
XRL	direct，A	direct 单元中内容与累加器 A 中内容进行“异或”运算，并把结果送 direct
XRL	direct，#data	direct 单元中内容与立即数 data 进行“异或”运算，并把结果送 direct

从异或运算的运算规则可知，若两位数相同，则运算结果为零。运用此特点，可以用来比较两个单元中的内容是否相等，比较同时还可以对累加器进行清零操作。

三、程序的仿真与调试

1）运行 Keil 软件，将本项目中的汇编源程序以文件名 MAIN4. ASM 保存，添加到工程文件并进行软件仿真的设置，如图 4-4 所示。

2）利用 Keil 进行文件编译、仿真。将已经存储完成的文件进行编译，编译成功的程序在写入芯片前，可以先进行计算机软件仿真，通过观察分析存储器中相关数据的变化，分析源程序是否正确。当延时程序较长时，可以通过设置“断点”的方法检查程序是否符合要求，如图 4-5 所示。

3）程序的下载及运行。利用编程器将汇编完成的文件下载到所用的芯片中，安装到焊接好的电路板上，通电后运行程序，观察 2 个数码管的数字变化，理解程序的意义。

4）修改源程序，改变显示初值及显示数字的数量，重复以上步骤，观察 2 个数码管的控制现象，理解程序意义及相关指令的功能。

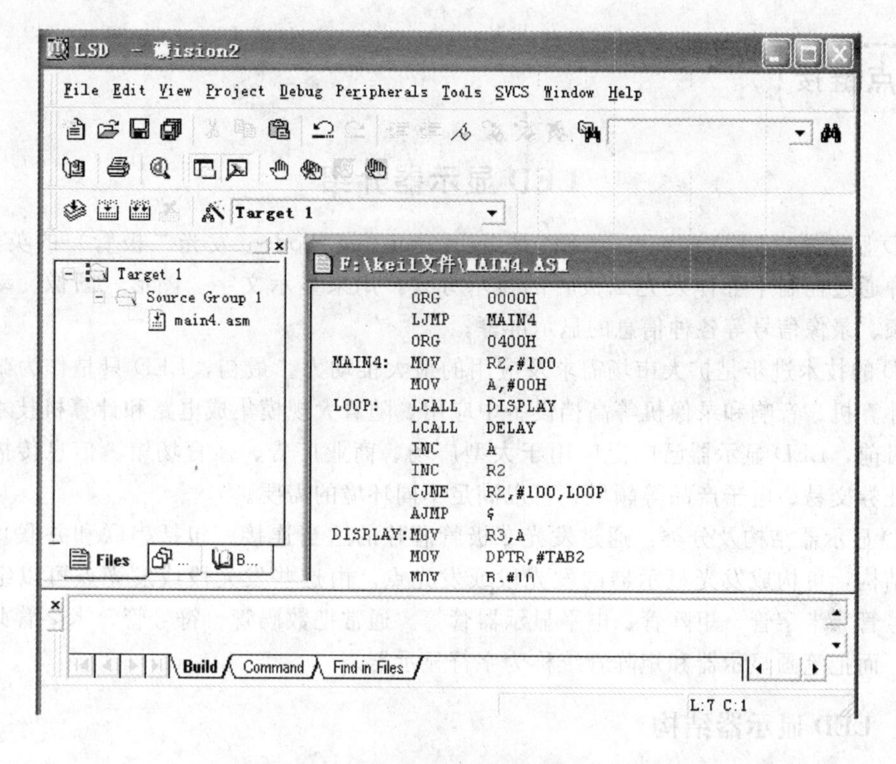

图 4-4　保存并设置工程文件

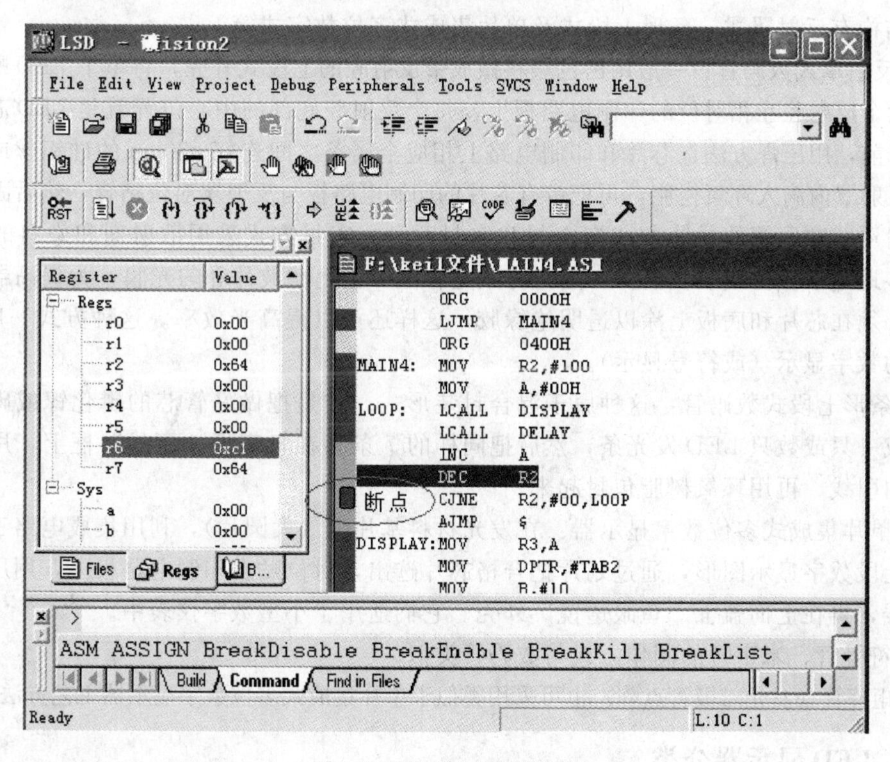

图 4-5　设置断点进行仿真

知识点链接

LED显示器介绍

LED显示器（LED panel）：LED是light emitting diode（发光二极管）的英文缩写。它是一种通过控制半导体发光二极管的显示方式，用来显示文字、图形、图像、动画、行情、视频、录像信号等各种信息的显示屏幕。

LED的技术进步是扩大市场需求及应用的最大推动力。最初，LED只是作为微型指示灯，在计算机、音响和录像机等高档设备中应用，随着大规模集成电路和计算机技术的不断进步，目前，LED显示器已广泛应用于大型广场、商业广告、体育场馆、信息传播、新闻发布、证券交易、电子产品等领域，可以满足不同环境的需要。

LED显示器结构及分类：通过发光二极管芯片的适当连接（包括串联和并联）和适当的光学结构，可构成发光显示器的发光段或发光点。由这些发光段或发光点可以组成数码管、符号管、米字管、矩阵管、电平显示器管等。通常把数码管、符号管、米字管共称笔画显示器，而把笔画显示器和矩阵管统称为字符显示器。

一、LED显示器结构

基本的半导体数码管是由7个条状发光二极管芯片排列而成，可实现数字0～9的显示，其具体结构有反射罩式、条形七段式及单片集成式多位数字式等。

1）反射罩式数码管：一般用白色塑料做成带反射腔的七段式外壳，将单个LED贴在与反射罩的七个反射腔互相对位的印制电路板上，每个反射腔底部的中心位置就是LED芯片。在装反射罩前，用压焊方法在芯片和印制电路上相应金属条之间连好$\phi 30\mu m$的硅铝丝或金属引线，在反射罩内滴入环氧树脂，再把带有芯片的印制电路板与反射罩对位粘合，然后固化。

反射罩式数码管的封装方式有空封和实封两种。实封方式采用散射剂和染料的环氧树脂，较多地用于一位或双位器件。空封方式是在上方盖上滤波片和匀光膜，为提高器件的可靠性，必须在芯片和底板上涂以透明绝缘胶，这样还可以提高光效率。这种方式一般用于4位以上的数字显示（或符号显示）。

2）条形七段式数码管：这种属于混合封装形式。它是把做好管芯的磷化镓或磷化镓圆片，划成一只或数只LED发光条，然后把同样的7条粘在日字形“可伐”框上，用压焊工艺连好内引线，再用环氧树脂包封起来。

3）单片集成式多位数字显示器：在发光材料基片上（大圆片），利用集成电路工艺制作出大量七段数字显示图形，通过划片把合格芯片选出，对位贴在印制电路板上，用压焊工艺引出引线，再在上面盖上“鱼眼透镜”外壳。它们适用于小型数字仪表中。

4）符号管、米字管的制作方式与数码管类似。

5）矩阵管（发光二极管点阵）也可采用类似于单片集成式多位数字显示器工艺方法制作。

二、LED显示器分类

1）按字高分：笔画显示器字高最小有1mm（单片集成式多位数码管字高一般在2～

3mm）。其他类型笔画显示器最高可达12.7mm（0.5in），甚至达数百毫米。

2）按颜色分有红、橙、黄、绿等数种。

3）按结构分，有反射罩式、单条七段式和单片集成式。

4）从各发光段电极连接方式分有共阳极和共阴极两种。

三、LED显示器的参数

由于LED显示器是以LED为基础的，所以它的光电特性及极限参数意义大部分与发光二极管的相同。但由于LED显示器内含多个发光二极管，所以需有如下特殊参数：

1）发光强度比：由于数码管各段在同样的驱动电压时，各段正向电流不相同，所以各段发光强度不同。所有段的发光强度值中最大值与最小值之比为发光强度比。比值在1.5～2.3之间，最大不能超过2.5。

2）脉冲正向电流：若笔画显示器每段典型正向直流工作电流为I_F，则在脉冲下，正向电流可以远大于I_F。脉冲占空比越小，脉冲正向电流越大。

项目测试

一、选择题

1. 假定（A）＝23H，（R0）＝74H，（74H）＝39H，执行以下程序段后，A的内容是（　　）。

```
ANL  A，#74H
ORL  74H，A
XRL  A，@R0
```

（A）33H　（B）39H　（C）91H　（D）19H

2. 若要使得单元中某些特定位为零，则可以使用（　　）指令。

（A）SETB　（B）ANL　（C）OR　（D）DIV

3. 若要使得单元内容清零，可以使用（　　）指令。

（A）SETB　（B）CLR　（C）LJMP　（D）ADD

二、程序分析题

试说明以下程序段的功能。

```
MOV   PSW，#00H
MOV   A，DPL
SUBB  A，#01H
MOV   DPL，A
MOV   A，DPH
SUBB  A，#00H
MOV   DPH，A
```

三、编程题

1. 利用算术运算指令，结合本项目编写程序，要求使用2位数码管显示被加数、加数及和。

2. 利用逻辑运算指令，编写程序，要求使用 2 位数码管显示运算结果。

3. 3 个双字节数，存放在外部 RAM 的 2000H 开始的单元中，求它们的和并把结果存放在 2100H 开始的单元中。

项目评估

项目评估表

评价项目	评价内容	配分/分	评价标准	得分
硬件电路	电子电路基础知识	20	掌握单片机芯片对应引脚的名称、序号、功能　5分	
			掌握单片机最小系统原理分析　10分	
			认识电路中各元器件功能及型号　5分	
焊接工艺	元器件整形、插装	5	按照原理图及元器件焊接尺寸正确整形、安装	
	焊接	5	符合焊接工艺标准	
程序编制、调试、运行	指令学习	10	正确理解程序中所用指令的意义	
	程序分析、设计	20	能正确分析程序的功能　10分	
			能根据要求设计功能相似的程序　10分	
	程序调试与运行	20	程序输入正确　5分	
			程序编译仿真正确　5分	
			能修改程序并分析　10分	
安全文明生产	使用设备和工具	10	正确使用设备及工具	
团结协作	集体意识	10	各成员分工协作，积极参与	

项目五　4路数字显示抢答器控制

项目目标

通过单片机控制4人抢答器，学习MCS—51系列单片机芯片P2口作输入口使用的方法，熟练掌握汇编程序的分析方法，学习单片机的基本指令：JNB、JB、PUSH、POP、AJMP、RETI，并能利用汇编语言编写控制程序。

项目任务

应用AT89C51芯片及简单的外围电路，设计制作一个4人抢答器，当按下“开始”按键后，参赛选手进行抢答，使用1位数码管显示最先按键的选手的号码并保持到下一次抢答开始。

项目分析

在常见的一些娱乐及知识问答节目中，抢答是一种娱乐性、竞争性较强的形式，也是比较吸引人的比赛环节，而抢答器是抢答中必不可少的工具。本项目将单片机芯片P1口用作输出口，控制1位数码管显示抢答者号码；将P2口用作输入口，使用四个引脚连接四只按键。当有选手按下按键时，系统将其他选手的抢答屏蔽、按键选手号码的识别和显示通过程序实现。由于选手的抢答对于单片机来说，是突发事件，因此本项目利用单片机的中断系统实现。

项目实施

一、控制电路设计

（一）设计思路

利用AT89C51芯片P1口控制1位数码管进行选手编号的显示，利用P2口的P2.0～P2.3引脚连接4只按键。使用74LS14N芯片向P3口输入中断信号，从而实现按键信号的识别及选手间的屏蔽。

（二）电路设计

1. P3口结构

P3口的电路如图5-1所示，P3口为准双向口，为适应引脚的第二功能的需要，增加了第二功能控制逻辑，在真正的应用电路中，第二功能显得更为重要。P3口的输入/输出与

P3 口锁存器、中断、定时/计数器、串行口和特殊功能寄存器有关，P3 口的第一功能和 P1 口一样可作为输入/输出端口，同样具有字节操作和位操作两种方式，在位操作模式下，每一位均可定义为输入或输出。

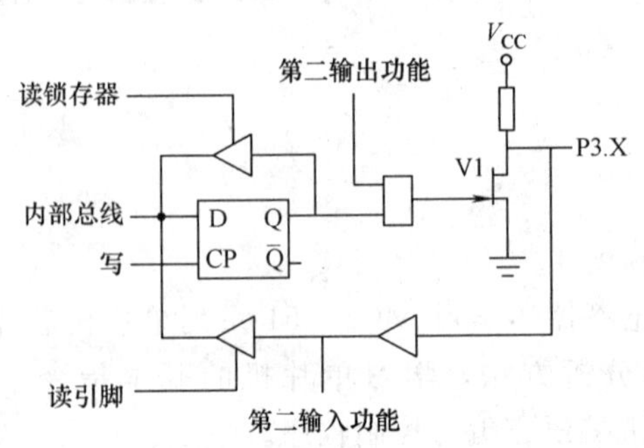

图 5-1　P3 口逻辑线路图

我们着重 P3 口的第二功能，P3 口的第二功能各引脚定义如下：

1）P3.0：串行输入口（RXD）。

2）P3.1：串行输出口（TXD）。

3）P3.2：外中断 0（INT0）。

4）P3.3：外中断 1（INT1）。

5）P3.4：定时/计数器 0 的外部输入口（T0）。

6）P3.5：定时/计数器 1 的外部输入口（T1）。

7）P3.6：外部数据存储器写选通（WR）。

8）P3.7：外部数据存储器读选通（RD）。

当 P3 口作 I/O 口使用时，第二功能信号线应保持高电平，与非门开通，以维持从锁存器到输出口数据输出通路畅通无阻。当 P3 口作第二功能口线使用时，该位的锁存器置高电平，使与非门对第二功能信号的输出是畅通的，从而实现第二功能信号的输出。作为第二功能输入信号引脚，在口线的输入通路增设了一个缓冲器，输入的第二功能信号即从这个缓冲器的输出端取得。而作为 I/O 口线输入端时，取自三态缓冲器的输出端。这样，不管是作为输入口使用还是作为第二功能信号输入，输出电路中的锁存器输出和第二功能输出信号线均应置“1”。

我们学习了 4 个 I/O 口的结构和功能，总结如下：P0 口的输出级与 P1～P3 口的输出级在结构上是不同的，因此，它们的负载能力和接口要求也各不相同。

1）P0 口与其他口不同，它的输出级无上拉电阻。当把它用作通用 I/O 口使用时，输出级是开漏电阻，故用其输出去驱动 NMOS 输入时需外接上拉电阻。用作输入时，应先向口锁存器写 1。把它当作地址/数据总线时，则无需外接上拉电阻。用作数据输入时，也无需先写“1”。P0 口的每一位输出可以驱动 8 个 LS 型 TTL 负载。

2）P1～P3 口的输出级接有内部上拉电阻，它们的每一位输出可以驱动 4 个 LS 型 TTL 负载。

作为输入口时，任何 TTL 或 NMOS 电路都能以正常的方式驱动 MCS—51 系列单片机的 P1～P3 口。由于它们的输出级具有上拉电阻，也可以被集电极（OC 门）或漏极开路所

驱动，所以无需外接上拉电阻。对于 MCS—51 系列单片机（CHMOS），端口只能提供几毫安的输出电流，故当作输出口去驱动一个普通晶体管的基极（或 TTL 电路输入端）时，应在端口和基极间串联一个电阻，以限制高电平输出时的电流。

P1～P3 口也都是准双向端口。作为输入时，必须先对相应端口锁存器写 1。

2. 1 位 LED 显示电路

本项目中使用 AT89C51 的 P1 口直接驱动 1 位 LED 数码管。

3. 抢答器控制电路

4 只抢答按键分别连接到 P2 口的 P2.0、P2.1、P2.2、P2.3 引脚，通过按键是否动作控制对应引脚电平的变化；同时将电平的变化作为 74LS14N 芯片的输入信号。当有选手抢答而按下按键时，74LS14N 芯片的对应输出变为低电平，同时作为单片机的外部中断信号引入 INT0（P3.2）引脚。

图 5-2 给出了 74LS14 芯片的外形、内部结构及输入/输出关系。

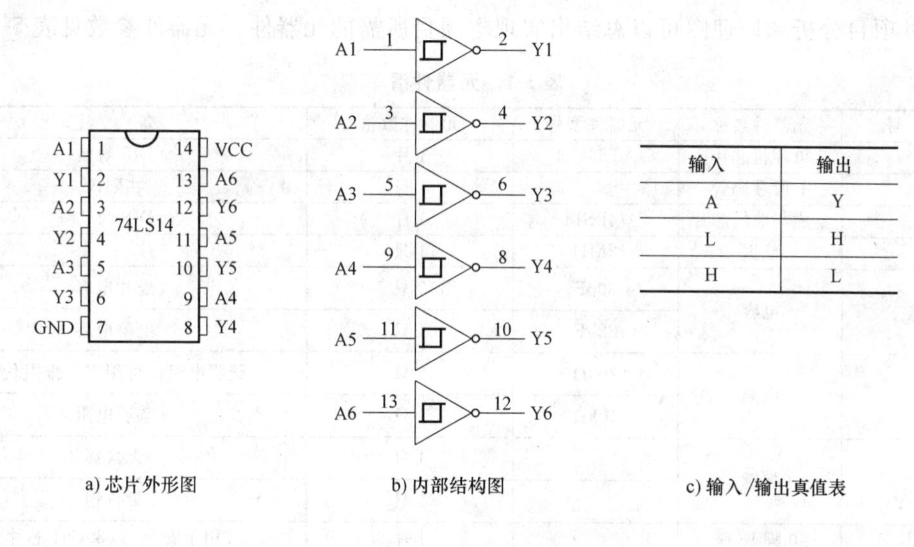

输入	输出
A	Y
L	H
H	L

图 5-2　74LS14 集成非门

由图 5-2 可知，此芯片为双列直插封装，共 14 个引脚。在使用时，将引脚 7（GND）接地，引脚 14（VCC）接电源正极，其余各引脚根据需要成对连接即可。本设计使用 A1～A4 输入，Y1～Y4 输出。

当有键被按下，芯片 74LS14 的输入端会得到一个高电位（1）信号，其对应输出端变为低电位（0），从而向单片机发出一个中断请求信号。单片机收到中断请求后，响应中断并到 P2 口查询哪个按键按下，然后将其号码显示在 LED 数码管上。抢答器控制电路如图 5-3 所示。

4. 4 人抢答器控制电路

1）$\overline{\mathrm{EA}}$/VPP 引脚：本设计使用 AT89C51 单片机芯片的片内 ROM，因此$\overline{\mathrm{EA}}$/VPP 引脚接高电位。

2）INT0（P3.2）引脚：单片机外部中断 0 的输入引脚，与 74LS14 的输出连接。当有选手按下按键时，与非门有低电平输出，而 INT0 为低电平有效，所以单片机响应中断。

综合以上设计，得到图 5-4 所示的 4 人抢答器控制电路图。

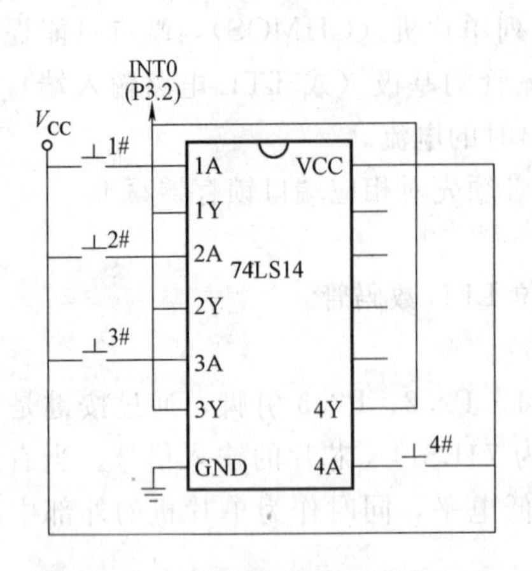

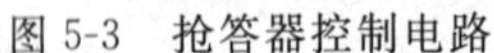
图 5-3　抢答器控制电路

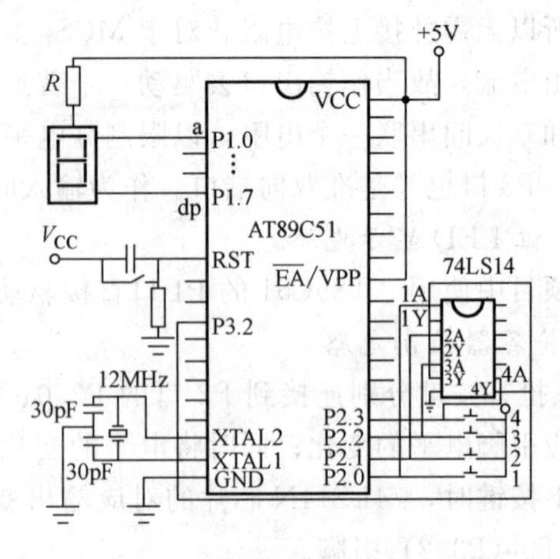

图 5-4　4 人抢答器控制电路原理图

（三）材料表

通过项目分析和原理图可以总结出实现本项目所需的元器件，元器件参数见表 5-1。

表 5-1　元器件清单

序　号	元器件名称	元器件型号	元器件数量	备　注
1	单片机芯片	AT89C51	1 片	DIP 封装
2	七段数码管		1 只	共阳极
3	集成与非门芯片	74LS14	1 片	DIP 封装
4	晶振	12MHz	1 只	
5	电容	30pF	2 只	瓷片电容
		22μF	1 只	电解电容
6	电阻	200Ω	8 只	碳膜电阻，可用 1 只排阻代替
		10kΩ	1 只	碳膜电阻
7	按键		4 只	无自锁
			1 只	带自锁
8	40 脚 IC 座		1 片	用于安装 AT89C51 芯片
9	14 脚 IC 座		1 片	用于安装 74LS14N 芯片
10	导线			

二、控制程序编写

（一）绘制程序流程图

本控制显示的数字要根据按键的识别情况进行显示，因此程序的结构应使用分支程序结构。

根据不同条件选择程序流向的程序结构称为分支程序。分支程序的特点是程序的流向有两个或两个以上出口，它可以根据程序要求改变程序的执行顺序。能够实现单分支结构的指令有 JZ、JNZ、JC、JNC、CJNE、DJNZ 等，多分支结构中常用“JMP　@A＋DPTR”等语句来实现多分支转移功能。本项目分支程序流程图如图 5-5 所示。

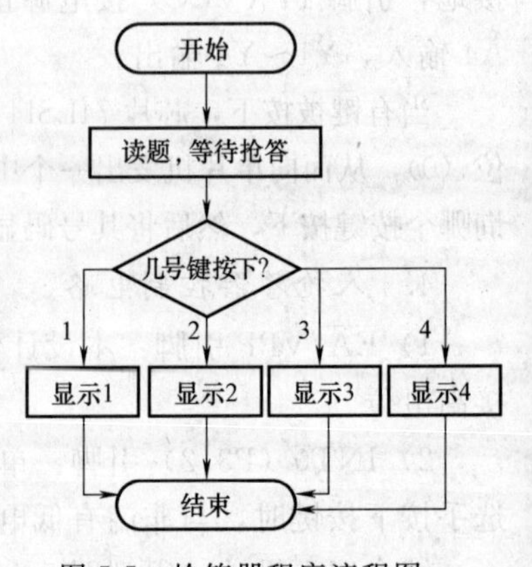

图 5-5　抢答器程序流程图

（二）编制汇编源程序

1. 参考程序清单

标号	操作码	操作数	指令功能（注释）
	ORG	0000H	；伪指令，指明程序从0000H单元开始存放
	LJMP	MAIN5	；控制程序跳转到“MAIN5”处执行
	ORG	0003H	；外部中断0的入口地址
	LJMP	INTT0	；控制程序跳转到“INTT0”处执行
	ORG	0500H	；主程序从0500H单元开始
MAIN5：	SETB	IT0	；设置外部中断0为负边沿触发
	SETB	EX0	；打开外部中断0
	SETB	EA	；打开所有中断
	MOV	P1，#0FFH	；没有按键按下时，无显示
	MOV	P0，#00H	；P0口清零
	SJMP	$	；等待按键
INTT0：	PUSH	PSW	；保护状态寄存器的内容
	PUSH	ACC	；保护A的内容
	JB	P2.0，XS1	；1号键是否被按下
	JB	P2.1，XS2	；2号键是否被按下
	JB	P2.2，XS3	；3号键是否被按下
	JB	P2.3，XS4	；4号键是否被按下
BACK：	POP	ACC	；弹出A
	POP	PSW	；弹出状态寄存器PSW
	CLR	EA	；关所有中断
	RETI		；中断程序返回
XS1：	MOV	P1，#06H	；1号键按下时，显示“1”
	AJMP	BACK	
XS2：	MOV	P1，#5BH	；2号键按下时，显示“2”
	AJMP	BACK	
XS3：	MOV	P1，#4FH	；3号键按下时，显示“3”
	AJMP	BACK	
XS4：	MOV	P1，#66H	；4号键按下时，显示“4”
	AJMP	BACK	
	END		；程序结束标记

2. 程序执行过程

单片机上电或执行复位操作后，程序回到初始位置0000H单元，执行“LJMP MAIN5”并跳转到主程序。对于中断，单片机有固定的中断入口地址，其中，0003H是外部中断0的入口地址，一旦检测到有效的外部中断信号，程序自动找到此入口。0003H—000AH是预留进行中断处理的空间，可以存储简单的程序，建议在0003H开始的单元存放一条跳转指令，将程序转移到中断处理程序存放的位置。

由于采用了外部中断，因此在主程序中，首先对中断的相关寄存器中的对应位进行设置。“SETB　EX0，SETB IT0”是打开外部中断0并定义信号的有效触发方式，“SETB

EA”是打开中断总允许。通过送数指令先将P1口所控制的LED数码管显示器呈现全灭的状态，等待抢答开始。

开始抢答后，若有人按下按键，意味着单片机外部有中断发生，中断信号由引脚(P3.2）引入，此时程序将响应中断并跳转到外部中断的入口0003H单元执行。在外部中断入口0003H单元，设置一条跳转指令“LJMP INTT0”，使得程序转移到相应的中断处理程序。

单片机进入中断处理程序。为防止在处理中断时影响某些特殊功能寄存器的内容，导致中断处理结束后，运行主程序出错，首先将这些特殊功能寄存器的内容进行进栈保护，指令“PUSH　PSW，PUSH　ACC”可以实现此功能，然后利用位的判断转移指令判断哪个键被按下，从而转向对应的显示程序。在中断处理结束返回主程序前，使用“POP　ACC，POP　PSW”指令将相应寄存器的内容恢复。

不同的显示程序针对不同按键进行编写，将对应的显示数字的段码送P1口即可。

一次抢答结束后，主持人通过复位按键进行显示数据的清除，等待下次抢答开始。

(三）指令学习

1. 栈操作指令（PUSH、POP）

这类指令为数据传送指令中的一部分，与送数指令不同的是，总有一个操作数的地址是特定的。

汇编指令		指令功能
PUSH	direct	进栈指令，将直接地址单元中的内容送入栈中
POP	direct	出栈指令，将栈中栈顶单元数据弹出送入直接地址单元中

进栈（入栈）操作时，首先将栈指针SP值加1，然后将直接地址单元的内容送到栈指针所指的片内RAM单元中；出栈操作时，先将栈指针SP所指的片内RAM单元的内容送入直接地址单元中，然后SP值减1。应当注意的是，进栈和出栈指令的操作数只能用直接寻址方式。对于累加器A在采用直接寻址方式时表示为ACC，对累加器A使用栈操作指令时，要写成“PUSH　ACC”，写成“PUSH　A”是错误的。

[**例5-1**] 已知（ACC）＝23H，（PSW）＝85H，分析以下程序过程中，栈指针SP值以及各单元数据如何变化。

```
MOV   SP，#60H
PUSH  ACC
PUSH  PSW
 ⋮
POP   ACC
POP   PSW
```

解：“MOV　SP”#60H”是将8位立即数60H送入SP中，指令执行后，（SP）＝60H，即将栈底单元设置在了片内RAM的60H；

“PUSII　ACC”是先将（SP）＋1→SP，即（SP）＝61H，然后将（ACC）→61H，指令执行后，(61H）＝23H；

“PUSH　PSW”是先将（SP）＋1→SP，即（SP）＝62H，然后将（PSW）→62H，指令执行后，（62H）＝85H；

“POP　ACC”是先将（SP）→ACC，即（62H）→ACC，然后将（SP）－1→SP，指令执行后，（SP）＝61H，（ACC）＝85H；

“POP　PSW”是先将（SP）→PSW，即（61H）→PSW，然后将（SP）－1→SP，指令执行后，（SP）＝60H，（PSW）＝23H。

通过以上分析可知栈操作有如下特点：**先进后出，后进先出。**

2. 位控转移指令——判位变量转移指令（JB、JNB和JBC）

MCS—51系列单片机的硬件结构中有一个位处理器（又称布尔处理器），它有一套位变量处理的指令集。在进行位处理时，CY（进位标志位）称为“位累加器”。位处理器是内部RAM的（位寻址区）20H～2FH这16个字节单元，即128个位及特殊功能寄存器（SFR）中的可寻址位。下面重点讲解本控制程序中使用的判位变量转移指令——JB及其相关指令JNB和JBC。

汇编指令	指令功能
JB　bit，rel	若（bit）＝1，则程序转移到（PC）＋rel处执行
	若（bit）＝0，则程序顺序向下执行
JNB　bit，rel	若（bit）＝0，则程序转移到（PC）＋rel处执行
	若（bit）＝1，则程序顺序向下执行
JBC　bit，rel	若（bit）＝1，则将bit位清0并转移到（PC）＋rel处执行
	若（bit）＝0，则程序顺序向下执行

[注意] 此指令中的偏移量rel通常也以转移去的目的处的标号形式给出。

[例5-2] 分析以下程序的执行结果并判断程序执行方向。

```
        MOV     20H，#02H
        JB      00H，M1
        JB      01H，M2
        JBC     03H，M3
M1：    MOV     P0，#80H
        LJMP    M1
M2：    MOV     P0，#40H
        LJMP    M2
M3：    MOV     P0，#20H
        LJMP    M3
```

解：由于本程序段的第一条指令是给20H单元赋值02H，即二进制的00000010B。20H是片内RAM可位寻址的单元，对应的位地址为20H～27H，因此以下指令将判断相应的位的数值，进行程序的转移。

“JB　00H，M1”，判断00H位，因为（00H）＝0，所以程序向下顺序执行。

“JB　01H，M2”，判断01H位，因为（01H）＝1，所以程序转移到M2处执行。

“M3：MOV P0，#20H”，执行对P0口的赋值指令。“LJMP M3”，转向M3执行，表示程序结束。

3. 控制转移指令（AJMP）

在项目一中已经学习过长转移指令——LJMP，本项目的控制程序中用到了一条绝对转移指令——AJMP，下面对本条指令进行学习。

汇编指令	指令功能
AJMP addr11	将11位地址经过计算得到要转移去的目的地址并跳转

在指令中，由于提供的是11位地址，而转移去的目的地址是16位的，所以在使用这条指令时，要根据给定的数据计算目的地址。执行这条指令可使程序转向2KB程序存储器地址空间的任何单元。可见本条指令的转移空间比长转移指令的转移空间少。

计算方法：将当前PC的低11位用给定的11位地址代换，得到的新的16位地址即要转移去的目的地址。

[**例5-3**] 指令“0100H：AJMP 230H”执行后，转移的目的地址是多少？

解：本条指令的地址为0100H，本指令为2字节指令，因此当前的PC值为0102H，转换成16位二进制数为0000000100000010B。指令中给出的11位地址是230H，转换成11位二进制数为01000110000B。将此11位二进制数代替16位二进制数的低11位后，得到新的16位二进制数为0000001000110000B，转换为十六进制是0230H。则执行完本条指令后转移去的目的地址为0230H。

[注意] AJMP指令中给出的数据由于是11位二进制，因此它的取值范围为000H～7FFH。在编写控制程序时，通常也以目的地址的标号给出，例如本项目控制程序中的使用即是如此。

4. 中断返回指令（RETI）

汇编指令	指令功能
RETI	执行完中断处理程序后返回主程序，以使得CPU能从断点处继续执行程序

RETI指令与子程序返回指令RET的功能相同，都是从堆栈中取出断点地址送给PC，并从断点处继续执行程序。它们之间的区别是RET应放在一般子程序的末尾，而RETI应放在中断服务子程序的末尾；机器执行RETI指令后，除返回原程序断点处继续执行外，还将清除相应中断优先级状态位。

本项目中用到了单片机的外部中断，自INT0（P3.2）引脚接入单片机芯片。对于单片机的中断来讲，每个中断源都有固定的入口地址，外部中断0的入口地址在0003H。当单片机检测到有外部中断发生后，根据设定情况响应中断：主程序被中断，转向执行中断处理程序。一般中断处理程序较长，占用存储空间较多，因此在0003H处存放一条转移指令，转移到中断处理程序处。本项目程序中利用指令“LJMP INTT0”实现程序跳转。

三、程序仿真与调试

1. 运行Kcil软件

将本项目中的汇编源程序以文件名MAIN5. ASM保存，添加到工程文件并进行软件仿

真设置。将文件进行编译并仿真，如图5-6所示。

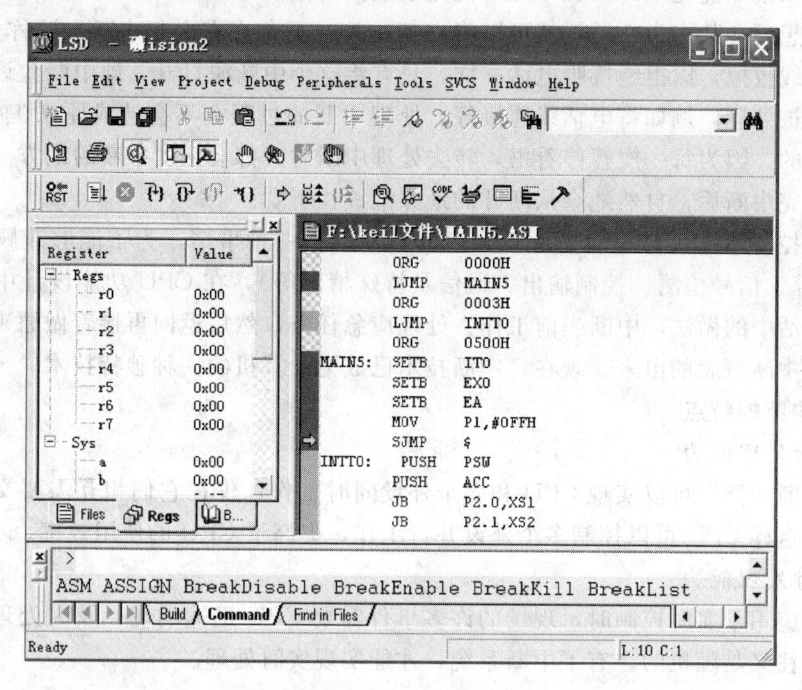

图5-6　建立工程文件并编译

2. 程序的下载及运行

利用编程器将汇编完成的文件下载到所用的芯片中，安装到焊接好的电路板上，通电后运行程序，观察数码管的显示数字。按下不同的按键，观察显示数字与对应按键的情况，理解程序的意义。

知识点链接

单片机的中断系统

中断是计算机中一个很重要的技术，主要用于即时处理来自外围设备的随机信号。它既和硬件有关，也和软件有关，正是因为有了中断技术才使计算机的工作更加灵活、效率更高。

一、中断系统概述

先从一个生活中的实例来说明什么是中断：当我们在家看书的时候，电话铃响了，这时就暂停看书去接电话，接完电话后，又从刚才被打断的地方继续往下看。在看书时被打断过一次的这一事件称为中断，而引起中断的原因，即中断的来源，简称为中断源。

生活中这样的情况有很多，比如你的闹钟响了，你烧的水开了等诸如此类的事件。如果这些中断源同时来了，我们该怎么办？同时处理是不可能的，只能按照事情的轻重缓急一一处理，这种给中断源排队等的过程称为中断优先级设置。这样，当有多个中断源同时请求处理时，就可以按照优先级的设置，先对优先级最高的中断源做出响应。

如果不想理会某个中断源，就可以将它禁止掉，不允许它引起中断，这称为中断禁止，就像将电话线拔掉，以拒绝接听电话一样。只有将这个中断源打开，即中断允许，它所引起的中断才会被处理，例如将电话线连接好。处理中断的过程会不会造成原来工作的混乱呢？答案是否定的。因为每一次暂停看书，转去处理中断时，都会记住中断的地方——在书上作标记，处理完中断后，自然地会从断开的地方继续往下看。

单片机控制系统只有一个CPU，同一时刻只能做一种事情，为了能够兼顾各方面任务（如数据运算、信号检测、控制输出、通信及特殊情况等），在CPU功能设计中采用了类似人们日常生活中的做法，中断当前工作去处理应急任务，然后返回再接着做原来的工作，这就是计算机中断概念的由来。现在，中断技术已成为计算机的一种独特技术。

（一）中断的特点

1. 并行处理能力

通过中断功能，可以实现CPU和多个外设同时工作，仅在它们相互需要交换信息时才进行中断，这样CPU可以控制多个外设并行工作，提高了CPU的使用效率。

2. 实时处理能力

单片机应用于实时控制时，现场的许多事件需要CPU迅速响应，及时处理，而提出请求的时间往往又是随机的。有了中断系统，才能实现实时处理。

3. 故障处理能力

在CPU运行过程中，有时会出现一些故障，可以利用中断系统，通过执行故障处理程序进行处理，不影响其他程序的运行。

（二）中断的相关概念

1. 中断

由于某个事件的发生，微处理器暂停当前正在执行的程序，转而去执行处理该事件的一个程序，该程序执行完后，微处理器接着执行被暂停的程序，这个过程就是中断。

2. 中断源

引发中断的事件称为中断源。中断源在微处理器的内部时，称为内部中断；中断源在微处理器外部时，称为外部中断。

3. 中断类型

用若干位二进制数表示的中断源的编号，称为中断类型。

4. 中断断点

由于中断的发生，某个程序被暂停执行，该程序中即将被执行但由于中断而没有被执行的那条指令的地址成为中断断点，简称断点。

5. 中断服务程序

处理中断事件的程序段被称为中断服务程序。中断服务程序不同于一般的子程序，子程序由某个程序调用，它的调用是由主程序设定的，因此是确定的。而中断服务程序由某个事件引发，它的发生往往是随机的，不确定的。

（三）中断的过程

1. 中断源请求中断

1）外部中断源：由外部硬件产生可屏蔽或不可屏蔽中断的请求信号。

2）内部中断源：在程序运行过程中产生了指令异常或其他情况。

2. 中断响应

中断源提出中断请求后，必须满足一定的条件，微处理器才可以响应中断。微处理器接受中断请求后转入中断响应周期，在中断响应周期完成以下任务：

1）识别中断源，取得中断源的中断类型；

2）将标志寄存器和断点地址先后压入堆栈保存；

3）清除中断标志位和中断允许标志位；

4）获得相应的中断服务程序入口地址，转入中断服务程序。

3. 中断服务

中断服务程序的主要内容包括：

1）保护现场：在执行中断服务程序时，先保护中断服务时要使用的寄存器的内容，中断返回前再将其内容恢复。

2）开中断：以便在执行中断服务程序时，能响应较高级别的中断请求。

3）中段处理：执行输入输出或非常事件的处理，执行过程中允许微处理器响应较高级别设备的中断请求。

4）关中断：保证在恢复现场时不被新的中断打扰。

5）恢复现场：中断服务程序结束前，应将堆栈中保存的内容按入栈的反顺序弹出，送回到原来的微处理器寄存器中，从而保证被中断的程序能够正常地继续执行。

6）返回：中断服务程序执行结束后，需要安排一条中断返回指令，用于将堆栈中保存的断点地址与标志寄存器的值弹出，使程序回到被中断的地址，并恢复被中断前的状态。

（四）中断嵌套

在某一瞬间，CPU 因响应某一中断源的中断请求而正在执行它的中断服务程序时，若CPU 此时的中断是开放的，那它必然可以把正在执行的中断服务程序暂停下来，转而响应和处理中断优先权更高的中断源的中断请求，等到处理完后再转回来继续执行原来的中断服务程序，这就是中断嵌套。因此，中断嵌套的先决条件是在中断服务程序的开头应设置一条开中断指令，其次才是要有优先权更高的中断源的中断请求存在，两者缺一不可。

中断级别的嵌套方式如图 5-7 所示，其嵌套过程如下：

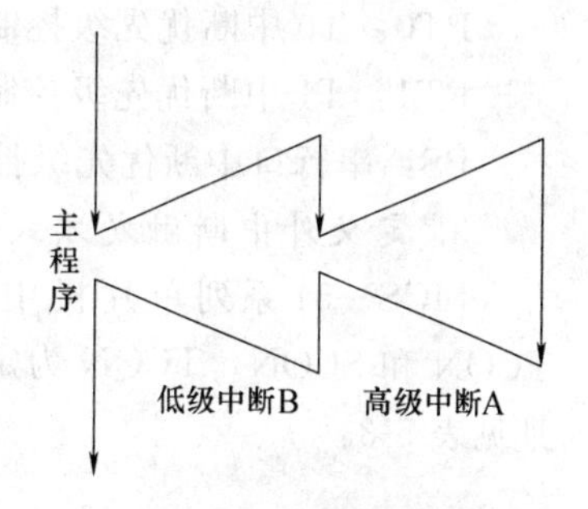

图 5-7　中断嵌套示意图

1）CPU 执行安排在主程序开头的开中断指令后，若来了一个 B 中断请求，CPU 便可响应 B 中断而执行 B 中断服务程序。

2）CPU 执行设置在 B 中断服务程序开头的一条开中断指令后，使 CPU 中断再次开放，若此时又来了优先级更高的 A 中断请求，则 CPU 响应 A 中断而执行 A 中断服务程序。

3）CPU 执行到 A 中断服务末尾的一条中断返回指令 RETI 后，自动返回执行 B 中断服务程序。

4）CPU 执行到 B 中断服务程序末尾的一条中断返回指令 RETI 后，又可返回执行主程序。

至此，CPU 便完成了一次嵌套深度为 2 的中断嵌套。

二、中断系统的应用

中断系统的应用主要是编制应用程序。应用程序包括两部分内容：一部分是中断初始化，另一部分是中断服务子程序。

中断初始化应在产生中断请求前完成，一般要放在主程序中，与主程序的其他初始化内容一起完成设置。

1. 设置堆栈指针 SP

因中断涉及保护断点 PC 地址和保护现场数据，且均要用堆栈实现保护，因此要设置适宜的堆栈深度。单片机复位时，SP=07H，当深度要求不高且工作寄存器组 1~3 组不用时，可维持复位时的状态，深度为 24 字节。因为 20H~2FH 为位寻址区，深度大于 24 字节时，会进入该区。当要求有一定深度时，可设置 SP=60H 或 50H，深度分别为 32 字节或 48 字节。

2. 定义中断优先级

IP 为中断优先级控制寄存器，单元地址是 B8H，其结构和各位名称、地址见表 5-2：

表 5-2 IP 寄存器各位名称及地址

位名称				PS	PT1	PX1	PT0	PX0
位地址				BCH	BBH	BAH	B9H	B8H

MCS—51 系列单片机有两个中断优先级：高优先级和低优先级。可对中断进行编程，只要对 IP 中各中断源设置高或低优先级。相应位置 1，即为高优先级；相应位清 0，即为低优先级。根据中断源的轻重缓急，划分高优先级和低优先级。使用“MOV IP，# data”或“SETB bit”指令设置。

PX0：$\overline{\text{INT0}}$中断优先级控制位。若 PX0=1，则$\overline{\text{INT0}}$为高优先级；若 PX0=0，则$\overline{\text{INT0}}$为低优先级。

PX1：$\overline{\text{INT1}}$中断优先级控制位。若 PX1=1，则$\overline{\text{INT1}}$为高优先级；若 PX0=0，则$\overline{\text{INT1}}$为低优先级。

PT0：T0 中断优先级控制位。控制方法同上。

PT1：T1 中断优先级控制位。控制方法同上。

PS：串行口中断优先级控制位。控制方法同上。

3. 定义外中断触发方式

MCS—51 系列单片机中涉及定时、外中断和串行控制的特殊功能寄存器有两个：TCON 和 SCON。TCON 为定时和外中断控制寄存器，其单元地址是 88H，其结构和位地址见表 5-3：

表 5-3 TCON 寄存器各位名称及地址

位名称	TF1		TF0		IE1	IT1	IE0	IT0
位地址	8FH		8DH		8BH	8AH	89H	88H

TF1：T1 溢出中断请求标志。当定时器/计数器产生溢出中断时，由 CPU 内硬件自动置 1，表示向 CPU 请求中断。CPU 响应该中断后，片内硬件自动对其清 0。TF1 也可由软

件程序查询其状态或由软件置位清 0。

TF0：T0 溢出中断请求标志，其意义和功能与 TF1 相似。

IE1：外中断$\overline{\text{INT1}}$中断请求标志位。当 P3.3 引脚信号有效时，IE1 由硬件自动置 1，当 CPU 响应该中断后，由片内硬件自动清 0（只适用于边沿触发方式）。当选择电平触发时，由软件复位。

IE0：外中断$\overline{\text{INT0}}$中断请求标志位。其意义和功能与 IE1 相似。

IT1：外中断$\overline{\text{INT1}}$触发方式控制位。由软件置位或复位。若 IT1＝1，则$\overline{\text{INT1}}$触发方式为边沿触发方式，当 P3.3 引脚出现下跳边沿脉冲信号时有效；若 IT1＝0。则$\overline{\text{INT1}}$触发方式为电平触发方式，当 P3.3 引脚出现低电平信号时有效。

IT0：外中断$\overline{\text{INT0}}$触发方式控制位。其意义和功能与 IT1 相似。

SCON 为串行中断控制寄存器，单元地址是 98H，其与中断有关的位地址见表 5-4：

表 5-4　SCON 寄存器各位名称及地址

位名称							TI	RI
位地址							99H	98H

TI：串行口发送中断请求标志。

RI：串行口接收中断请求标志。

以上两个寄存器的使用都可以利用“MOV　TCON，# data”、“MOV　SCON，# data”或“SETB bit”指令设置。

4. 开放中断

MCS—51 系列单片机对中断源的开放或关闭（屏蔽）是由中断允许控制寄存器 IE 控制的，可用软件对其各位分别置 1 或清 0，从而实现对各中断源的开放或关断。IE 的单元地址是 A8H，其结构和位地址见表 5-5：

表 5-5　IE 寄存器各位名称及地址

位名称	EA			ES	ET1	EX1	ET0	EX0
位地址	AFH			ACH	ABH	AAH	A9H	A8H

EA：CPU 中断允许控制位。若 EA＝1，则 CPU 开中断总允许；若 EA＝0，则 CPU 关中断且屏蔽所有中断源。

EX0：外中断$\overline{\text{INT0}}$中断允许控制位。若 EX0＝1，则开$\overline{\text{INT0}}$中断；若 EX0＝0，则关$\overline{\text{INT0}}$中断。

EX1：外中断$\overline{\text{INT1}}$中断允许控制位。若 EX0＝1，则开$\overline{\text{INT1}}$中断；若 EX0＝0，则关$\overline{\text{INT1}}$中断。

ET0：定时/计数器 T0 中断允许控制位。若 ET0＝1，则开 T0 中断；若 ET0＝0，则关 T0 中断。

ET1：定时/计数器 T1 中断允许控制位。若 ET1＝1，则开 T1 中断；若 ET1＝0，则关 T1 中断。

IE 寄存器的使用也可以利用“MOV　IE，# data”或“SETB bit”指令设置。

项目测试

一、选择题

1. 主程序调用子程序时，子程序返回使用（　）指令，执行中断处理程序时，处理程序返回使用（　）指令。

　(A) RETI　(B) RET

2. 外部中断 0 的中断入口地址在（　）。

　(A) 0000H　(B) 0003H　(C) 000BH　(D) 0013H

3. 指令“0100H：AJMP　730H”执行后，转移去的目的地址是（　）。

　(A) 0730H　(B) 0830H　(C) 0732H　(D) 0832H

二、程序分析题

试说明下面程序段的执行过程及执行结果。

```
MOV     SP，#45H
MOV     A，#90H
MOV     B，#23H
PUSH    ACC
PUSH    B
 ⋮
POP     ACC
POP     B
```

三、编程及问答题

1. 利用堆栈指令编写程序，以实现片内 RAM 区 80H 与 37H 单元的内容互换。

2. 本项目电路设计中，若 2 个按键同时被按下，会出现什么显示现象？程序如何运行？

3. 在 MCS—51 系列单片机中与中断有关的特殊功能寄存器有哪几个？其中 IE 和 IP 寄存器各位的含义是什么？若 IP 寄存器的内容为 09H，含义是什么？

4. 说出 MCS—51 系列单片机能提供几个中断源、几个中断优先级？各中断源的优先级怎样确定？在同一优先级中，各个中断源的优先顺序怎样确定？

项目评估

项目评估表

评价项目	评价内容	配分/分	评价标准	得分
硬件电路	电子电路基础知识	20	掌握单片机芯片对应引脚的名称、序号、功能　5分	
			掌握单片机最小系统原理分析　10分	
			认识电路中各元器件功能及型号　5分	

（续）

评价项目	评价内容	配分/分	评价标准	得分
焊接工艺	元器件整形、插装	5	按照原理图及元器件焊接尺寸正确整形、安装	
	焊接	5	符合焊接工艺标准	
程序编制、调试、运行	指令学习	10	正确理解程序中所用指令的意义	
	程序分析、设计	20	能正确分析程序的功能　10分	
			能根据要求设计功能相似的程序　10分	
	程序调试与运行	20	程序输入正确　5分	
			程序编译仿真正确　5分	
			能修改程序并分析　10分	
安全文明生产	使用设备和工具	10	正确使用设备及工具	
团结协作	集体意识	10	各成员分工协作，积极参与	

项目六　60 秒倒计时控制

项目目标

通过 60 秒（s）倒计时的单片机控制系统，学习 MCS—51 系列单片机定时/计数器的使用，理解软件定时和硬件定时的区别，掌握 SJMP 及伪指令 DW 的意义及应用方法，能够编写较复杂的控制程序。

项目任务

利用 AT89C51 芯片，实现 60 秒倒计时控制及显示。要求开机显示 59，每隔 1s 减 1，60s 时间到发光二极管点亮。

项目分析

将单片机的 P0 口和 P2 口分别与 2 位数码管进行连接，作为时间的显示，在 P1.1 引脚连接一只发光二极管，作为定时时间到的指示。编写控制程序的重点是 1s 的定时控制，利用定时/计数器的进行。

项目实施

一、控制电路设计

（一）设计思路

利用 AT89C51 单片机芯片的 P0 和 P2 口控制 2 位七段 LED 数码管，连接时注意数码管的型号以及各引脚的顺序。在 P.1 引脚连接 1 只发光二极管，用来进行时间到的指示。

（二）电路设计

1. 2 位数码管控制电路

选用共阳极数码管，分别与 AT89C51 单片机芯片的 P0 和 P2 口连接，P0 口控制十位，P2 口控制个位，限流电阻选择 16 只 200Ω 电阻。

2. 发光二极管控制电路

选用普通型发光二极管，在 P1.1 引脚与发光二极管之间连接 220Ω 电阻。

3. 控制电路

本项目使用 AT89C51 单片机芯片的片内程序存储器，因此 $\overline{EA}$ 引脚接高电平。

综合以上分析，得到如图 6-1 所示的 60s 倒计时控制电路图。

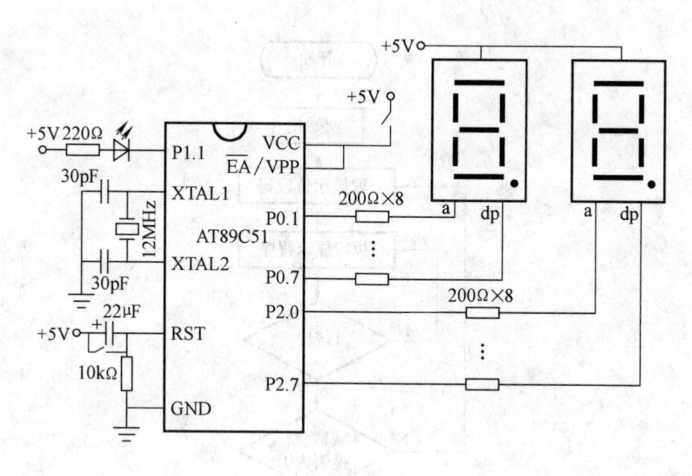

图 6-1　60s 倒计时控制电路

（三）材料表

通过项目分析和原理图可以得到实现本项目所需的元器件，元器件参数见表 6-1。

表 6-1　元器件清单

序　　号	元器件名称	元器件型号	元器件数量	备　　注
1	单片机芯片	AT89C51	1 片	DIP 封装
2	七段数码管		2 只	共阳极
3	发光二极管	Φ5	1 只	普通型
4	晶振	12MHz	1 只	
5	电容	30pF	2 只	瓷片电容
		22μF	1 只	电解电容
6	电阻	200Ω	16 只	碳膜电阻
		10kΩ	1 只	碳膜电阻
7	按键		4 只	无自锁
			1 只	带自锁
8	40 脚 IC 座		1 片	用于安装 AT89C51 芯片
10	导线			

二、控制程序的编写

（一）绘制程序流程图

本项目要显示的数字的段码仍然采用查表的方式。而每隔 1s 依次显示数字 59～00 的要求可以用循环程序结构实况。本项目流程图采用先执行再判断的方法编写，如图 6-2 所示。

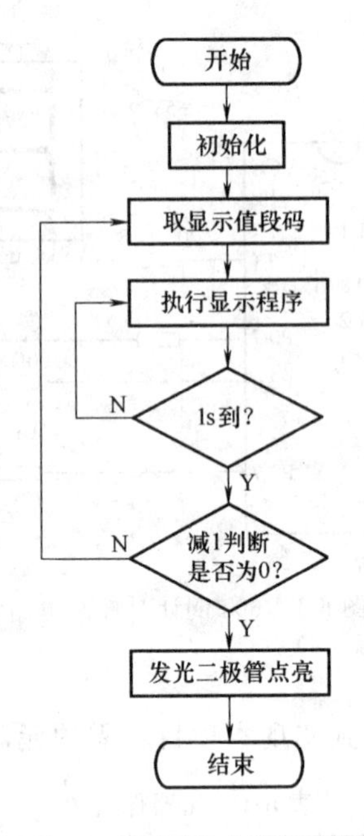

图 6-2　60 秒倒计时程序流程图

（二）编制汇编源程序

1. 参考程序清单

标号	操作码	操作数	指令功能（注释）
	ORG	0000H	
	LJMP	MAIN6	
	ORG	000BH	；定时器 T0 中断入口地址
	LJMP	INTT0	
	ORG	0600H	
MAIN6：	MOV	SP，#60H	；设置堆栈栈底
	SETB	P1.1	；发光二极管熄灭
	MOV	R1，#20	；设定 50ms 的循环次数
	MOV	R2，#59	；设定初显数值 59
	MOV	DPTR，#TAB3	；指向段码地址表起始地址
	MOV	TMOD，#01H	；设 T0 工作方式
	MOV	TH0，#3CH	
	MOV	TL0，#0B0H	；设 50ms 定时初值
	SETB	EA	；CPU 开中断
	SETB	ET0	；T0 中断允许
	SETB	TR0	；启动定时器 T0
DIS：	MOV	A，　R2	；将显示数字送入累加器 A 中
	MOV	B，　#10	；将数字 10 传送给寄存器 B
	DIV	AB	；执行除法指令，商（十位）存放于累加器 A 中，余数（个位）存放于寄存器 B 中

```
            MOVC    A，@A+DPTR                  ；取十位数段码
            MOV     P0，  A                     ；将十位数送 P0 口显示
            MOV     A，   B
            MOVC    A，@A+DPTR
            MOV     P2，  A                     ；显示个位数字
            SJMP    DIS
INTT0：     MOV     TH0，＃3CH
            MOV     TL0，＃0B0H                 ；重新赋初值
            DJNZ    R1，FH                      ；判断 1s 是否到，没到则返回主程序继续显示
            MOV     R1，＃20                    ；判断 1s 是否到，没到则返回主程序继续显示
            DJNZ    R2，FH                      ；1s 到，继续显示下一个数字
            CLR     P1.1                        ；60s 到，发光二极管亮
            CLR     TR0                         ；60s 到，定时器关闭
FH：        RETI                                ；中断返回
TAB3：      DW      0C0F9H，0A4B0H，9992H       ；共阳极数码管代码 01，23，45
            DW      82F8H，8090H                ；共阳极数码管代码 67，89
            END
```

2. 程序执行过程

单片机上电或执行复位操作后，程序回到 0000H 单元执行“LJMP MAIN6”跳转指令。对于定时器 T0，单片机固定的中断入口地址是 000BH，一旦检测到 T0 的中断信号，程序自动找到此入口。000BH～0011H 单元是预留给定时器 T0 进行中断处理的空间，可以存储简单的程序，建议在 000BH 开始的单元存放一条跳转指令，将程序转移到 T0 的中断处理程序存放的位置。

程序跳转到主程序，首先进行初始化设置，将发光二极管熄灭。单片机的定时/计数器是 16 位寄存器，根据工作方式不同，定时时间可以在 0～65536 个机器周期之间设定。取 12MHz 晶振时，一个机器周期对应 1μs，为了方便计算，一次定时时间取 50000 个机器周期（50ms），依此设定 T0 的工作方式及定时初值，开中断并启动 T0。然后执行显示程序(DIS)，将要显示的数值通过除法指令分为十位和个位，分别取段码并输出显示。

50ms 延时时间到，需判断是否循环 20 次（即 1s），没到 1s，返回继续显示刚才的数值；若 1s 到了，判断是否 60s 到，没到继续显示下一个数值，到了，则发光二极管点亮并关闭定时器 T0，程序结束。

（三）指令学习

1. 相对转移指令（SJMP）

汇编指令	指令功能
SJMP　rel	根据 rel 的数值计算目的地址送 PC，以改变程序的执行方向

本条指令中的 rel 是带符号的 8 位二进制数，因此它的转移范围是在以本条指令为基准的 256B 地址范围内，即当 rel 为负数时，程序向前转移；当 rel 为正数时，程序向后转移。

2. 定义字节伪指令（DW）

格式：[标号:]　DW　16 位数据表

DW与DB类似，也是把数据表中的数据依次存放到以标号为起始地址的程序存储器中。两者的区别是DB所定义的每一个数据占一个字节，而DW所定义的每一个数据占两个字节，其中数据高字节存放到低地址单元，数据低字节存放到高地址单元。

例如有以下程序段：

```
        ORG     0300H
MAIN:   ……
        ORG     0A00H
TAB:    DW      34ABH，7845H
        DW      73H，20H
```

上述程序汇编结束后，数据在程序存储器中的存放情况为

(0A00H) =34H　(0A01H) =ABH　(0A02H) =78H　(0A03H) =45H

(0A04H) =00H　(0A05H) =73H　(0A06H) =00H　(0A07H) =20H

三、程序的仿真与调试

1. 运行Keil软件

将本项目中的汇编源程序以文件名MAIN6. ASM保存，添加到工程文件并编译。编译通过后进行软件仿真调试，如图6-3所示。

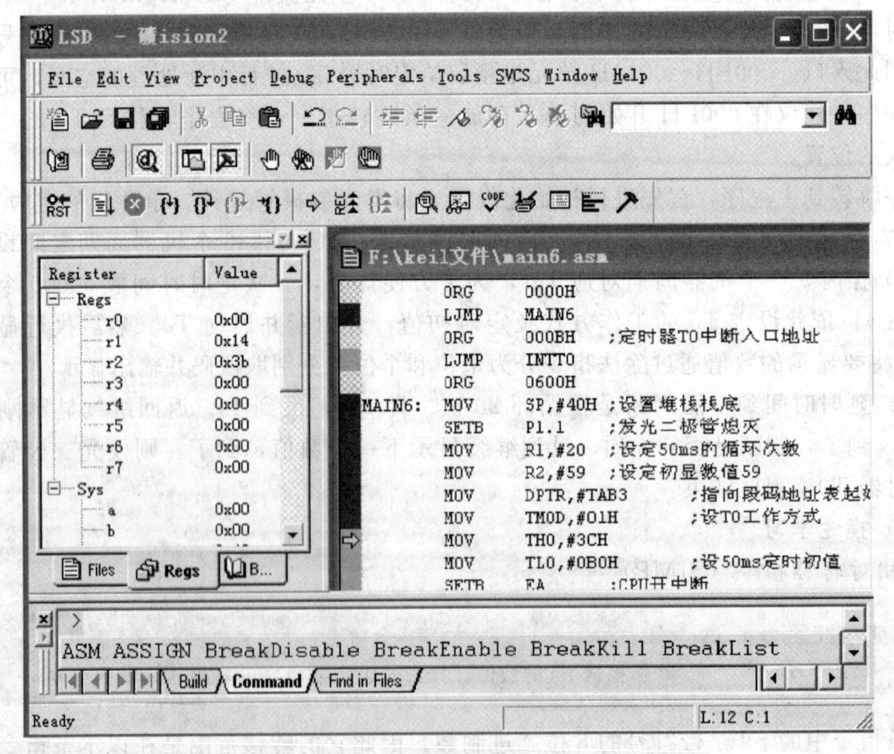

图6-3　建立工程文件并进行软件仿真调试

2. 进行软件仿真

观察 P1、P2 口及定时器的内容，以确定程序设计是否合理，如图 6-4 所示。

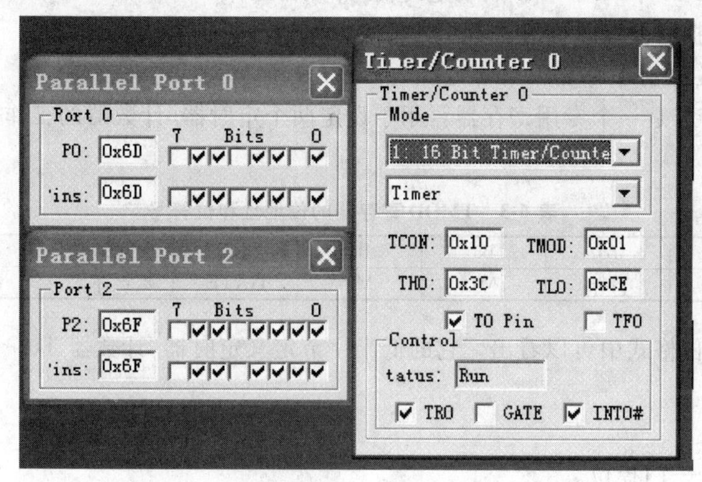

图 6-4　仿真调试时 P1、P2 口及定时器内容

3. 程序的下载及运行

利用编程器将汇编完成的文件下载到所用的芯片中，安装到焊接好的电路板上，通电后运行程序，观察数码管的显示数字。按下不同的按键，观察显示数字与对应按键的情况，理解程序的意义。

知识点链接

单片机的定时/计数器

在单片机应用系统中，经常需要定时控制或对外部信号进行计数。定时器/计数器是 MCS—51 系列单片机的重要模块之一。MCS—51 系列单片机内部有两个定时器/计数器 T0、T1，它们都是 16 位的。

1. 定时器控制寄存器（TCON）

TCON 寄存器既参与中断控制又参与定时控制，该控制寄存器的位地址和位符号见表 6-2。

表 6-2　TCON 寄存器的位地址和位符号

位地址	8F	8E	8D	8C	8B	8A	89	88
位符号	TF1	TR1	TF0	TR0	IE1	IT1	IE0	IT0

在本项目中，只对其定时控制功能加以介绍。其中有关定时的控制位共有如下四位：

1）TF0 和 TF1——计数溢出标志位。

当计数器计数溢出时，该位置 1。使用查询方式时，此位作状态位供查询，但需注意查询有效后应以软件方法及时将该位清零；使用中断方式时，此位作中断标志位，在转向中断服务程序时由硬件自动清零。

2）TR0 和 TR1——定时器运行控制位。

TR0（TR1）=0　　；停止定时器/计数器工作

TR0（TR1）=1　　；启动定时器/计数器工作

该位根据需要以软件方法置1或清0。

2. 工作方式控制寄存器（TMOD）

TMOD寄存器是一个专用寄存器，用于设定两个定时器/计数器的工作方式。各位定义见表6-3。

表6-3　TMOD寄存器的位地址和位符号

位地址	B7	B6	B5	B4	B3	B2	B1	B0
位符号	GATE	$C/\overline{T}$	M1	M0	GATE	$C/\overline{T}$	M1	M0

从寄存器的位格式中可以看出，它的低半字节定义定时器/计数器T0，高半字节定义定时器/计数器T1。

其中：

1）GATE——门控位。

GATE=0以软件启动定时器；GATE=1以外中断请求信号（$\overline{INT1}$或$\overline{INT0}$）启动定时器

2）$C/\overline{T}$——定时方式或计数功能选择位。

$C/\overline{T}=0$　；定时工作方式

$C/\overline{T}=1$　；计数工作方式

3）M1M0——工作方式选择位。

M1M0=00　；方式0

M1M0=01　；方式1

M1M0=10　；方式2

M1M0=11　；方式3

3. 中断允许控制寄存器（IE）

寄存器的位地址和位符号见表6-4。

表6-4　IE寄存器的位地址和位符号

位地址	AF	AE	AD	AC	AB	AA	A9	A8
位符号	EA	—	—	ES	ET1	EX1	ET0	EX0

其中与定时器/计数器有关的位有三位：

1）EA——中断允许控制位。

2）ET0和ET1——定时/计数器中断允许控制位。

ET0（ET1）=0　；禁止定时/计数中断

ET0（ET1）=1　；允许定时/计数中断

4. 定时/计数器的4种工作方式

（1）定时工作方式0。方式0是13位计数结构的工作方式，以T0为例其计数器由TH0全部8位和TL0的低5位构成。TL0的高3位弃之不用。T1的方式与T0相同其定时时间公式为

$$(2^{13}-\text{计数初值})\times\text{机器周期}$$

所以若晶振频率为 12MHz，则最小定时时间为 1μs，最大定时时间约为 8ms。

（2）定时工作方式 1。方式 1 是 16 位计数结构的工作方式，计数器由 TH0 全部 8 位和 TL0 全部 8 位组成，T1 的方式 1 与 T0 相同。其定时时间公式为

$$(2^{16}-\text{计数初值})\times\text{机器周期}$$

所以若晶振频率为 12MHz，则最小定时时间为 1μs，最大时间约为 65.5ms。

（3）定时工作方式 2。方式 2 为自动重新加载工作方式。在这种工作方式下，把 16 位计数器分为两部分，即以 TL0 作计数器，以 TH0 作预置寄存器。初始化时把初始值分别装入 TL0 和 TH0 中。所以方式 2 是 8 位计数结构，若晶振频率为 12MHz，则最大时间约为 0.25ms。T1 的方式 2 与 T0 相同。

（4）定时工作方式 3。在工作方式 3 下，定时器/计数器 0 被拆成两个独立的 8 位计数器 TH0 和 TL0。其中 TL0 既可以计数使用，又可以定时使用，而 TH0 只能作为简单的定时器使用。方式 3 的定时器长度也是 8 位，所以其最大定时时间同方式 3。此方式仅适应于 T0。

由此可看出，直接采用单片机的定时器可实现的最大时间间隔约为 65.5ms，晶振频率为 12MHz。如果要实现再长时间的定时，主要有以下方法：

1）定时器＋软件计数的方法；

2）两个定时器串联的方法。

［**例 6-1**］以第一种方法实现 1s 的定时（$f=12\text{MHz}$）。

解：采用定时器 0（或定时器 1）进行 50ms/次的定时；然后在定时器中断服务子程序中由软件计数器（如寄存器 R2）对定时中断的次数进行统计，达到 20 次即为 1s，其式表示为

$$50\text{ms/次}\times 20\text{ 次}=1\text{s}$$

1）定时器 0 的计数初值（50ms/次）：

$$(2^{16}-50000)\times 1\mu\text{s}=15536\text{（选用方式 1）}$$

因此计数初值 X＝3CB0H　即 TH0＝3CH，TL0＝0BOH

2）TMOD 寄存器初始化：

$$\text{TMOD}=01\text{H}$$

3）定时中断中进行溢出次数统计：

计数 20 次达到 1s。

4）编写程序：

```
        ORG     0000H
        LJMP    MAIN
        ORG     000BH
        LJMP    T0SERVE
        ORG     0050H
MAIN:   MOV     SP, #60H ; 设置堆栈
        MOV     TOMD, #01H ; 定时器 0 工作方式 1
        MOV     TL0, #0B0H ; 设置计数初值
        MOV     TH0, #3CH
        SETB    EA ; 开中断
        SETB    ET0 ; 定时器 0 允许中断
        MOV     R2,  #20 ; 设置计数次数 20 次
        SETB    TR0 ; 启动定时器/计数器 T0 工作
```

```
HERE:       SJMP    HERE ；等待中断
T0SERVE:    MOV     TL0,   #0B0H ；重新设置计数初值
            MOV     TH0,   #3CH
            DJNZ    R2，LOOP ；没完，继续循环
            MOV     R2,    #20H ；结束，执行下一个 1s 定时
LOOP:       RETI            ；中断返回
            END
```

项目测试

1. 用软件方法设计实现定时 0.5s 的程序。
2. 利用定时器 1 以方式 1 设计 0.5s 的定时程序
3. 利用两个定时器串联的方法实现 1s 的定时。
4. 利用定时器 1 对外部信号进行计数。

项目评估

项目评估表

评价项目	评价内容	配分/分	评价标准	得分
硬件电路	电子电路基础知识	20	掌握单片机芯片对应引脚的名称、序号、功能 5分	
			掌握单片机最小系统原理分析 10分	
			认识电路中各元器件功能及型号 5分	
焊接工艺	元器件整形、插装	5	按照原理图及元器件焊接尺寸正确整形、安装	
	焊接	5	符合焊接工艺标准	
程序编制、调试、运行	指令学习	10	正确理解程序中所用指令的意义	
	程序分析、设计	20	能正确分析程序的功能 10分	
			能根据要求设计功能相似的程序 10分	
	程序调试与运行	20	程序输入正确 5分	
			程序编译仿真正确 5分	
			能修改程序并分析 10分	
安全文明生产	使用设备和工具	10	正确使用设备及工具	
团结协作	集体意识	10	各成员分工协作，积极参与	

项目七　程序存储器的扩展

项目目标

通过调用不同程序存储器中的程序，观察控制现象，学习程序存储器扩展的方法，理解扩展程序存储器的意义，掌握 INC、DEC、JZ、JNZ 指令的功能并编写控制程序。

项目任务

应用 AT89C51 芯片和程序存储器芯片，实现单片机系统程序存储器的扩展。

项目分析

在 AT89C51 单片机芯片中，片内程序存储器有 4KB 存储空间，若单片机控制的系统较复杂或程序中需要提供大量的待查信息，例如中文字库、数据表等，片内 ROM 就无法把控制所用的数据信息和程序完整存储，这时就需要扩展片外存储器，以满足要求。本项目通过编写存储于不同的程序存储器（片内和片外）中的程序，学习用程序存储器扩展和读取程序的方法。

项目实施

一、硬件电路设计

（一）设计思路

在单片机系统扩展存储器时，根据 4 个并行 I/O 口的一般使用原则，使用 AT89C51 单片机芯片的 P0 口和 P2 口进行程序存储器的扩展。P0 口具有数据/地址复用功能，既可在片外存储器和单片机芯片之间进行数据传送，又可以和 P2 口共同组成地址线，利用 74HC373 锁存器实现此功能。

（二）电路设计

1. 扩展电路设计

扩展用的存储器选用 W27C512 芯片，内存 64KB。使用 74HC373 锁存器实现 P0 口的数据/地址分时复用功能。74HC373 的输入引脚 D0～D7 与 P0 口进行连接，输出引脚 Q0～Q7 与 W27C512 芯片的地址线的低 8 位（A0～A7）连接。P2 口直接与 27C512 的地址线的高 8 位（A8～A15）连接即可。

设计要求编写不同的程序控制单个发光二极管闪烁，因此利用 P1.1 引脚连接 1 只发光二极管。

2. 控制电路设计

1) $\overline{\text{EA}}$/VPP引脚：本设计选用AT89C51单片机芯片，由于要实现存储器扩展，因此$\overline{\text{EA}}$/VPP引脚连接一只双向开关，可以在高电平和低电平之间转换，以选择要读取的程序的存储空间——片内或片外。

2) ALE引脚：使用此引脚的“地址锁存允许信号”功能，将ALE引脚与74HC373锁存器的允许端G连接。

3) $\overline{\text{PSEN}}$引脚：使用此引脚对外部程序存储器进行读选通，因此将$\overline{\text{PSEN}}$引脚与W27C512芯片的数据输入选通引脚$\overline{\text{OE}}$连接。

综合以上设计，得到如图7-1所示的程序存储器扩展电路图。

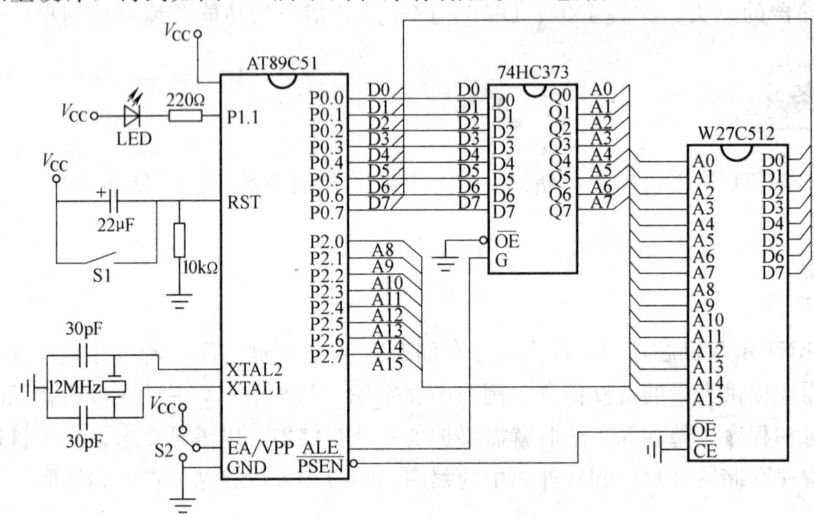

图7-1　程序存储器扩展原理图

（三）材料表

通过项目分析和原理图可以得到实现本项目所需的元器件，元器件参数见表7-1。

表7-1　元器件清单

序　号	元器件名称	元器件型号	元器件数量	备　注
1	单片机芯片	AT89C51	1片	DIP封装
2	锁存器	74HC373N	1片	DIP封装
3	程序存储器芯片	W27C512	1片	DIP封装
4	发光二极管	Φ5	1只	普通型
5	晶振	12MHz	1只	
6	电容	30pF	2只	瓷片电容
		22μF	1只	电解电容
7	电阻	220Ω	1只	碳膜电阻
		10kΩ	1只	碳膜电阻
8	按键		1只	无自锁
			1只	带自锁
9	双向开关		1只	
10	40脚IC座		1片	用于安装单片机芯片
11	20脚IC座		1片	用于安装锁存器芯片
12	28脚IC座		1片	用于安装程序存储器芯片
13	导线			

二、控制程序编写

（一）绘制程序流程图

为了说明不同存储器的使用方法，采用循环程序结构编写单个发光二极管闪烁的控制程序，如图 7-2 所示。

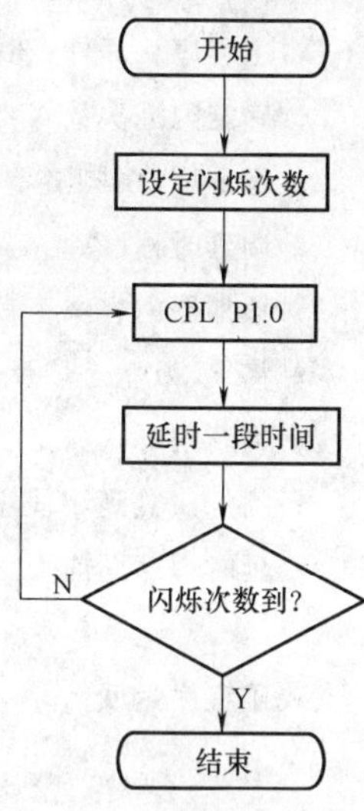

图 7-2　程序流程图

（二）编写汇编源程序

1. 参考程序清单

1）存储于片内 ROM 中的程序（EA 接高电平）。

标号	操作码	操作数	指令意义（注释）
	ORG	0000H	；伪指令，指明程序从 0000H 单元开始存放
	LJMP	MAIN7	；控制程序跳转到“MAIN7”处执行
	ORG	0100H	；主程序从片外 0100H 单元开始存放
MAIN7：	MOV	A，#00H	；将 A 清零
SS2：	CLR	P1.0	；将 P1.0 引脚清零，发光二极管亮
	LCALL	DELAY	；调延时程序
	CPL	P1.0	；将 P1.0 引脚取反
	INC	A	；闪烁 1 次，A 内容加 1
	CJNE	A，#20，SS2	；判断是否闪烁 10 次，不到则跳转到 SS2 继续执行
	SJMP	$	；20 次到则程序停止
	ORG	0300H	；片外延时程序存放地址
DELAY：	MOV	R7，#10	；延时程序，将立即数 10 送通用寄存器 R7
D0：	MOV	R6，#100	；将立即数 100 送通用寄存器 R6
D1：	MOV	R5，#200	；将立即数 200 送通用寄存器 R5
D2：	DJNZ	R5，D2	；根据 R5 减 1 后的内容判断程序执行方向
	DJNZ	R6，D1	；根据 R6 减 1 后的内容判断程序执行方向
	DJNZ	R7，D0	；根据 R7 减 1 后的内容判断程序执行方向
	RET		；子程序返回指令
	END		；程序结束标记

2）存储于片外 ROM 中的程序（EA 接低电平）。

标号	操作码	操作数	指令意义（注释）
	ORG	0000H	；伪指令，指明程序从 0000H 单元开始存放
	LJMP	MAIN7	；控制程序跳转到“MAIN7”处执行
	ORG	1200H	；主程序从片外 1200H 单元开始
MAIN7：	MOV	A，#10	；确定闪烁次数（5 次）
	CLR	P1.0	；将 P1.0 引脚清零
SS1：	LCALL	DELAY	；调延时程序
	DEC	A	；累加器内容减 1
	CPL	P1.0	；将 P1.0 状态取反
	JNZ	SS1	；判断闪烁次数是否到，不到跳转到 SS1 继续执行
	SJMP	$	；闪烁次数到，程序停止
DELAY：	MOV	R7，#10	；延时程序同前
	…	…	
	RET		；子程序返回
	END		

2. 程序执行过程

1）存储于片内 ROM 中的程序的执行过程：单片机上电或执行复位操作后，由于片外程序存储器选择信号（EA）接高电平，执行片内程序。程序从片内的 0000H 单元开始执行，在 0000H～0002H 中存放一条跳转指令。

程序跳转到主程序“MAIN7”处，通过“MOV A，#10”指令给 A 赋值，确定发光二极管的闪烁次数为 5 次。执行“CLR P1.0”指令，将 P1.0 引脚清零，使得显示用的发光二极管点亮。然后执行“LCALL DELAY”指令，调延时子程序。延时结束后，返回主程序。执行“CPL P1.0”指令，将 P1.0 引脚取反（置低电位），使得发光二极管熄灭。执行“DEC A”指令，将 A 的内容减 1，然后利用“JNZ SS1”指令判断 A 中内容是否为 0（闪烁次数是否到），根据判断结果决定程序的转移方向。

2）存储于片外 ROM 中的程序的执行过程：单片机上电或执行复位操作后，由于片外程序存储器选择信号（EA）接低电平，执行片外的程序。程序也从 0000H 单元开始执行，并在 0000H～0002H 中存放一条跳转指令。

程序跳转到主程序 MAIN7 处，通过“MOV A，#00H”将 A 清零，然后利用“CLR P1.0”指令，将 P1.0 引脚清零，使得显示用的发光二极管点亮。然后调延时子程序，为了进一步区分两个程序，此处将延时时间缩短。延时结束后，利用 CPL 指令控制发光二极管点亮或熄灭。利用“INC A”指令记录闪烁次数，使用“CJNE A，#20，XS”判断闪烁次数是否到 10 次。不到返回继续执行程序，到 10 次则程序停止。

（三）指令学习

1. 累加器 A 的逻辑操作指令

在 MCS－51 系列单片机指令系统中，为了使用方便，特别设计了 7 条对累加器 A 的逻辑操作指令，包括清零、取反、移位和高低半字节交换，其中的移位指令已经在项目二中学习了，下面学习其余逻辑操作指令。

汇编指令	指令功能
清零：　CLR　A	将 A 的内容清成 00H
取反：　CPL　A	将 A 中内容按位取反
半字节交换：　SWAP　A	将 A 中高低半字节交换

以上指令都是单字节指令，除奇偶标志位 P 外，PSW 中其余各位均不受影响。

2. 加 1、减 1 指令

加 1 指令又称为增量指令，共有 5 条指令；减 1 指令又称减量指令，有 4 条。和加法、减法指令所不同的是，除奇偶标志位外，这些指令的操作不影响 PSW 中的标志位。

1）加 1 指令

汇编指令	指令功能
INC　A	累加器内容加 1
INC　direct	直接地址单元内容加 1
INC　Rn	通用寄存器内容加 1
INC　@Ri	间址寄存器内容加 1
INC　DPTR	数据指针 EPTR 内容加 1

本组指令将操作数内容加 1，结果仍然送回原地址存放，如果原地址单元中内容为 0FFH，加 1 后将要变为 00H。指令中前 4 条是 8 位数加 1 指令，可以用来对指定的片内 RAM 单元进行操作，第 5 条指令是 16 位数的加 1 指令。运算过程中，若有低 8 位（DPL）向高 8 位（DPH）的进位，直接进位即可。这也是 MCS－51 系列单片机指令系统中唯一的一条 16 位算术运算指令。

［**例 7-1**］已知（A）＝89H，（24H）＝0A4H，（R1）＝9DH，（9EH）＝00H，（DPTR）＝0FFFH，执行以下程序段后，对应单元内容将如何变化？

```
INC   A
INC   24H
INC   R1
INC   @R1
INC   DPTR
```

解：根据加 1 指令的功能，执行完上述程序段后，操作结果为：（A）＝8AH，（24H）＝0A5H，（R1）＝9EH，（9EH）＝01H，（DPTR）＝1000H。

2）减 1 指令

汇编指令	指令功能
DEC　A	累加器内容减 1
DEC　direct	直接地址单元内容减 1
DEC　Rn	通用寄存器内容减 1
DEC　@Ri	间址寄存器内容减 1

本组指令将操作数减 1，结果仍送回原地址单元，若原指定单元中的内容为 00H，减 1 后将变为 0FFH。这 4 条指令全是 8 位数减 1 指令，若需要对 16 位数进行减 1 操作，可通过简单的编程实现。

［**例 7-2**］已知（A）＝00H，（56H）＝0AAH，（R0）＝57H，执行下面程序段后各单元内容如何变化？

```
DEC   A
DEC   56H
DEC   R0
DEC   @R0
```

解：程序执行完后，结果为：（A）＝0FFH，（56H）＝0A9H，（R0）＝56H，（56H）＝0A8H。

3. 累加器 A 的判零转移指令

汇编指令	指令功能
JZ　rel	若（A）＝0，则程序转移；否则顺序执行
JNZ　rel	若（A）≠0，则程序转移；否则顺序执行

这两条指令是以累加器 A 的内容是否为零作为程序是否转移的条件。

［**例 7-3**］分析下面程序的执行顺序

```
MOV    A, #56H
JZ     AA
DEC    A
JNZ    BB
```

解：第 1 条指令执行完后，（A）＝56H；执行第 2 条指令，因为（A）≠0，程序顺序执行第 3 条；第 3 条是减 1 指令，结果是（A）＝55H；执行第 4 条指令，因为（A）≠0，程序转移至“BB”程序段处执行。

三、程序仿真与调试

1）运行 Keil 软件，首先将存储于片内的程序输入并以文件名 MAIN7N. ASM 保存，添加到工程中并进行编译，如图 7-3 所示。

2）运行 Keil 软件，首先将存储于片内的程序输入并以文件名 MAIN7W. ASM 保存，添加到工程中并进行编译，如图 7-4 所示。

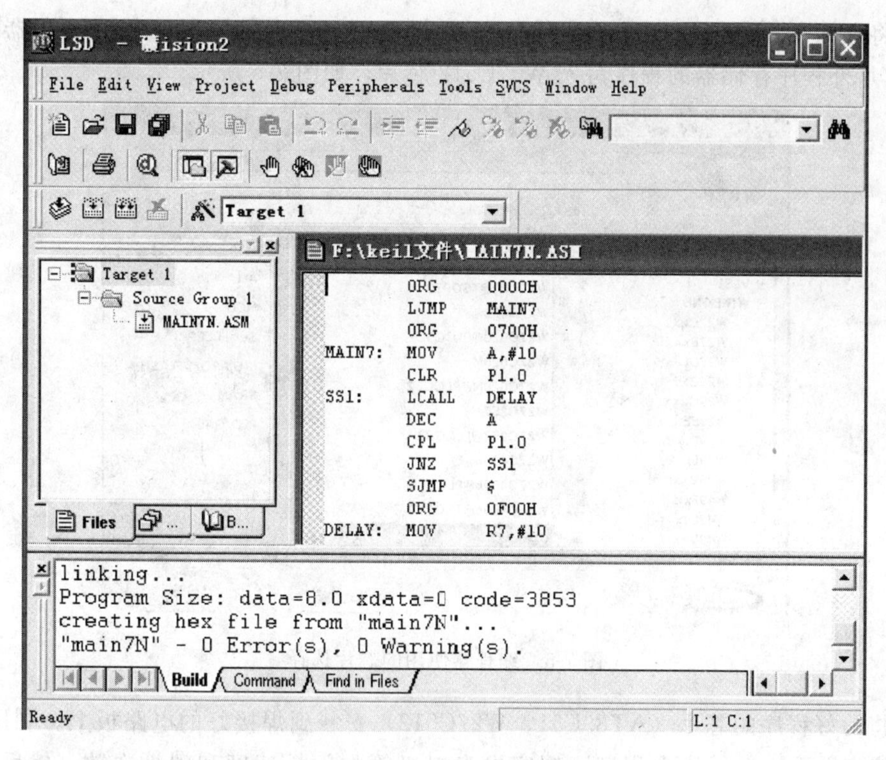

图 7-3　建立工程文件并编译

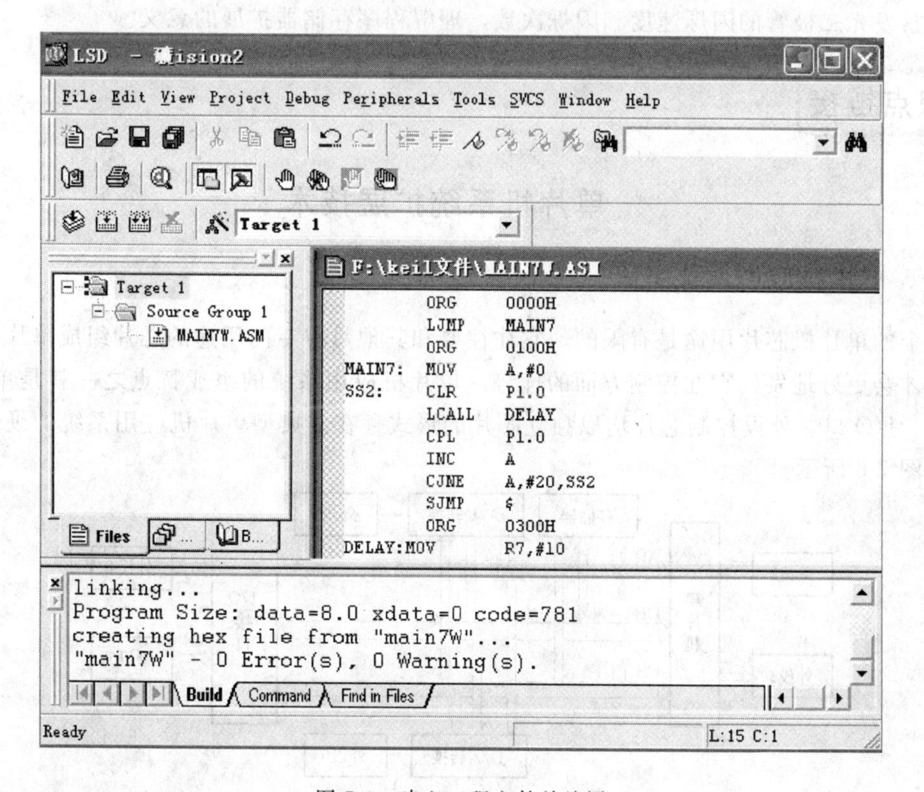

图 7-4　建立工程文件并编译

3）将存储在片内的程序通过编程器写入AT89C51单片机芯片，改变编程器的设置，将存储在片外程序存储器的程序写入W27C512芯片，如图7-5所示。

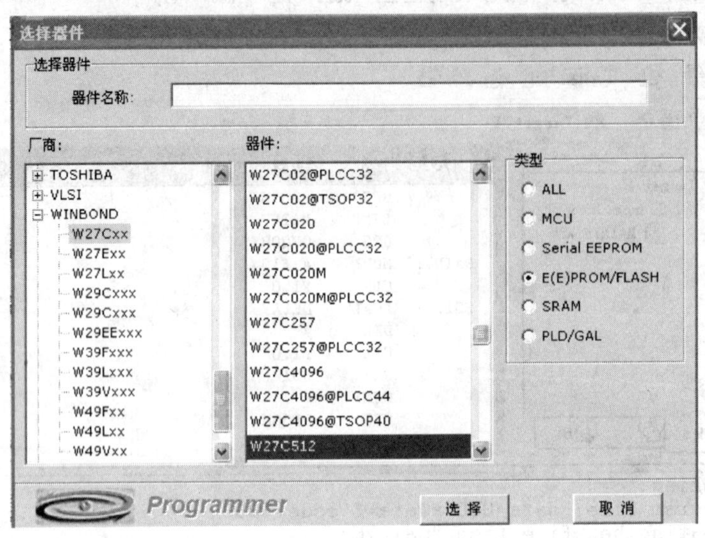

图7-5 编程器使用的芯片选择

4）将写好程序的芯片（AT89C51、W27C512）安装到焊接好的电路板上。利用双向开关将$\overline{EA}$接高电平，运行片内程序，观察发光二极管的闪烁速度和闪烁次数；然后将$\overline{EA}$接地，观察发光二极管的闪烁速度和闪烁次数，理解程序存储器扩展的意义。

知识点链接

单片机系统扩展技术

一、单片机应用系统组成

单个的单片机芯片用途是有限的，它往往要和其他具有专门用途的芯片组成单片机应用系统，才会更好地发挥它在控制方面的优势。单片机应用系统的组成特点之一就是单片机、存储器、I/O口、外设控制芯片均以独立芯片的形式存在。典型单片机应用系统的硬件组成框图如图7-6所示。

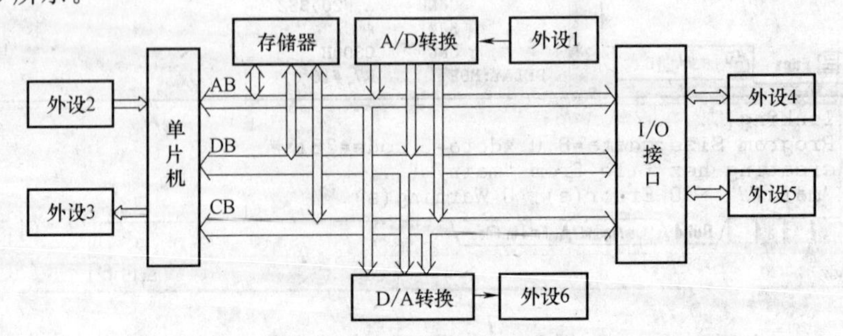

图7-6 典型单片机应用系统的硬件组成框图

图中各部分的作用如下。

单片机：完成数据处理和发送控制信号，指挥并协调单片机内、外各部件工作。

存储器：存放数据和程序。

I/O接口：协调单片机与外设之间交换数据。

A/D转换：把模拟量变成数字量。

D/A转换：把数字量变成模拟量。

外设：工作设备，单片机的控制对象。

总线：数据总线DB、地址总线AB、控制总线CB分别传送数据信息、地址信息和控制信息。

MCS—51系列单片机进行扩展设计时，要注意以下几个问题：

1）熟悉MCS—51系列单片机本身P0～P3口的特性。

2）分析要扩展的芯片的功能与结构。

3）在进行硬件设计时，要注意接口电平及驱动能力。

4）设计驱动程序要注意防止总线上的数据冲突。

二、外部总线的扩展

MCS—51系列单片机有很强的外部扩展功能，在进行系统扩展时可采用总线结构。

1. 片外三总线结构

单片机都是通过片外引脚进行系统扩展的，为了满足系统扩展要求，MCS—51系列单片机片外引脚可以构成三总线结构。

1）地址总线（AB）。地址总线宽度为16位，寻址可达64KB。地址总线由P0口提供地址的低8位A0～A7，P2口提供地址的高8位A8～A15。由于P0口是数据/地址复用线，只能分时使用，故P0口先输出的地址低8位只能锁存到地址锁存器中保存。P2口具有输出锁存功能，故不需外加锁存器便可保存地址高8位。P0口和P2口作系统扩展的地址线后，便不能再作一般的I/O口使用。

2）数据总线（DB）。数据总线由P0口提供，其宽度为8位，该口为三态双向口，是应用系统中使用最为频繁的通道。单片机与外部交换的数据、指令、信息大部分由P0口传送。通常系统数据总线上连有很多芯片，而在某一时刻，数据总线上只能有一个有效的数据，究竟哪个芯片的数据有效，则由地址信号控制各个芯片的片选端来选择。

3）控制总线。单片机控制信号有$\overline{PSEN}$、$\overline{WR}$、$\overline{RD}$、ALE和$\overline{EA}$。

$\overline{PSEN}$：用于片外程序存储器（EPROM）的“读”控制，实际上就是取指选通控制。

$\overline{WR}$、$\overline{RD}$：用于片外数据存储器（包括其他接口芯片）的“读”、“写”控制。

ALE：用于锁存P0口上地址低8位的控制线。

$\overline{EA}$：用于选择片内或片外程序存储器。当$\overline{EA}$=0时，只访问外部程序存储器，不管片内有无程序存储器；使用片内ROM时$\overline{EA}$=1。

2. 总线驱动能力

作为数据/地址复用总线，P0口可驱动8个TTL门电路，P1、P2、P3只能驱动4个TTL门电路。当应用系统规模较大、超过其负载能力时，系统便不能稳定可靠地工作。在这种情况下，进行系统设计时应加总线驱动器，以增强系统总线的驱动能力。常被用户选择的有单向总线驱动器74LS244、74LS273，双向驱动器74LS245等。如图7-7所示，

74LS273 作 8 位并行输出接口，74LS244 作 8 位并行输入接口。74LS244 是一个三态输出八缓冲器及总线驱动器，其带负载能力强，可直接驱动小于 130Ω 的负载。

8 位并行输出口 74LS273 由 P2.7 和 $\overline{WR}$ 相或控制，地址位 7FFFH。当 P2.7=0 时，执行“MOVX @DPTR，A”类指令可产生 $\overline{WR}$=0 信号，将数据写入 74LS273。

```
MOV     DPTR,      #7FFFH      ；指向 74LS273 输出口
MOV     A,         #DATA       ；取数
MOVX    @DPTR,     A           ；输出数据
```

8 位并行输入口 74LS244 由 P2.6 和 $\overline{RD}$ 相或控制，地址为 0BFFFH。当 P2.6=0 时，执行“MOVX A，@DPTR”类指令可产生 $\overline{RD}$=0 信号，将数据读入单片机。

```
MOV     DPTR,      #0BFFFH     ；指向 74LS244 输入端
MOVX    A,         @DPTR       ；输入数据
```

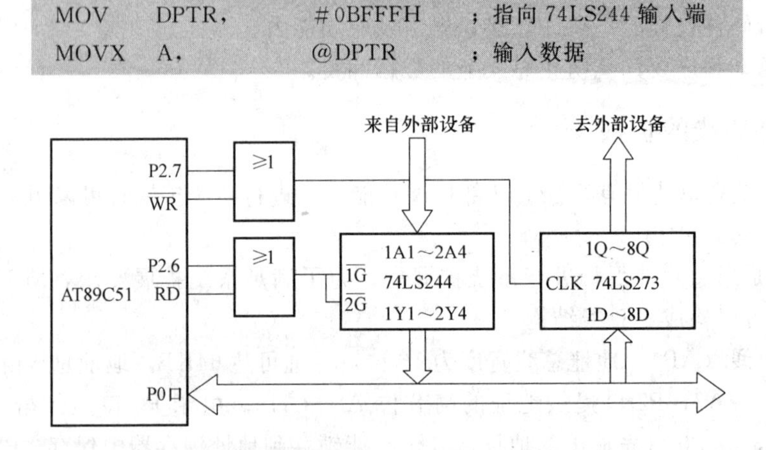

图 7-7 输入/输出驱动能力扩展原理图

三、程序存储器的扩展

MCS—51 系列单片机的程序存储器寻址空间为 64KB，其中片内包含 4KB 的 ROM/EPROM。当片内 ROM 不够而需要扩展程序存储器时，MCS－51 系列单片机的管脚 $\overline{EA}$ 应接地，其他控制信号还有地址锁存信号。ALE 和外部程序存储器“读”信号 $\overline{PSEN}$。

1. 常用的程序存储器芯片

可紫外线擦除、上电编程的只读存储器 EPROM 芯片常用作 MCS－51 系列单片机应用系统的外部程序存储器。常用的 EPROM 芯片有 2716、2732、2764、27128、27256、27512 等，这些芯片的窗口在专门的紫外线灯光照射下，经 20min 后，存储器所有单元的信息全部变为 1，从而擦去了程序指令代码。用户可用专门的 EPROM 编程（写入）电路将程序固化在这些 EPROM 芯片之中。下面以 27256A 为例说明其工作方式及引脚功能。图 7-8 所示为 27256A 的引脚图。

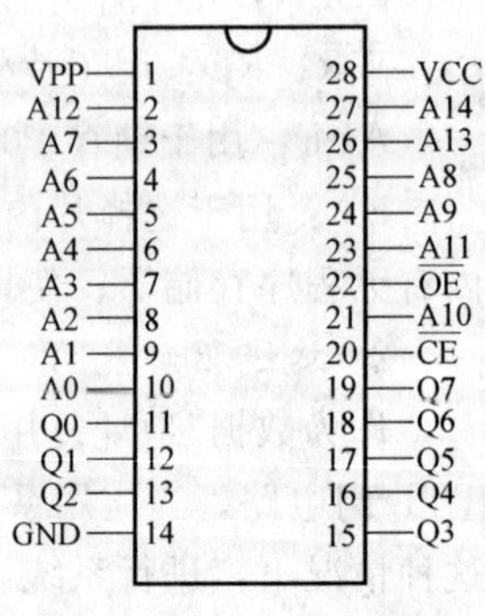

图 7-8 27256A 引脚配置图

27256A 是一种 32KB×8 位 EPROM 存储器，单一＋5V 供电，工作电流为 100mA，维持电流为 40mA，读出时间最大为

250ns。27256A为28线双列直插式封装，其引脚配置如图7-9所示。27256A工作方式见表7-2。

表7-2 27256A工作方式选择

项目	$\overline{CE}$ 第20脚	$\overline{OE}$ 第22脚	VPP 第1脚	VCC 第28脚	输出
输出	低电平	低电平	5V	5V	程序代码输出
维持	高电平	任意	5V	5V	高阻
编程	低电平	高电平	12.5V	6V	程序代码输入
编程检验	高电平	低电平	12.5	6V	程序代码输出
编程禁止	高电平	高电平	12.5V	6V	高阻

27256A引脚功能如下：

A0～A14：15根地址线。

$\overline{CE}$：片选线。

VPP：编程电源。

GND：接地线。

Q0～Q7：8根数据线。

$\overline{OE}$：读出选通。

VCC：+5V工作电源。

2. 常用的扩展方法

为保证系统正常工作，P0口应通过地址锁存器与存储器低8位地址相连，以保持存储器的低8位地址。常用的8位地址锁存器有74LS373、74LS273、8282等。74LS373用于单片机系统的扩展时，其电路的连接方式与图7-1中相似。27256A的地址与系统地址线相连接，数据线与AT89C51的P0口连接，$\overline{OE}$端与$\overline{PSEN}$连接，这样，系统扩展了32KB的程序存储器，地址为0000H～7FFFH。

项目测试

一、问答题

1. 在MCS－51系列单片机中，外部扩展的程序存储器在读取程序时，P0口既可以传送数据又可以传送地址信息，为什么不会发生冲突？

2. 举例说明扩展存储器和I/O的地址是如何确定的？

3. 分析ADD与INC、SUBB与DEC的区别。

4. 查资料了解常用的ROM芯片有哪些。

二、编程题

1. 编写程序，判断两个数是否相等，利用JZ或者JNZ指令。

2. 编写程序，比较N1、N2两个数的大小，大者放入R0中，小者放入R1中。

项目评估

项目评估表

评价项目	评价内容	配分/分	评价标准	得分
硬件电路	电子电路基础知识	20	掌握单片机芯片对应引脚的名称、序号、功能 5分	
			掌握单片机最小系统原理分析 10分	
			认识电路中各元器件功能及型号 5分	
焊接工艺	元器件整形、插装	5	按照原理图及元器件焊接尺寸正确整形、安装	
	焊接	5	符合焊接工艺标准	
程序编制、调试、运行	指令学习	10	正确理解程序中所用指令的意义	
	程序分析、设计	20	能正确分析程序的功能 10分	
			能根据要求设计功能相似的程序 10分	
	程序调试与运行	20	程序输入正确 5分	
			程序编译仿真正确 5分	
			能修改程序并分析 10分	
安全文明生产	使用设备和工具	10	正确使用设备及工具	
团结协作	集体意识	10	各成员分工协作，积极参与	

项目八　数据存储器的扩展

项目目标

通过控制单个发光二极管的闪烁次数，学习 MCS－51 系列单片机数据存储器扩展的方法，学习 MOVX、ACALL 指令，能够根据要求编写控制程序。

项目任务

应用 AT89C51 单片机芯片，实现单片机系统数据存储器的扩展。要求在片外扩展的数据存储器中存储发光二极管的闪烁次数，通过调用片外的数据，理解片外数据存储器扩展的方法。

项目分析

在单片机芯片中，通常包含 128B 的数据存储器，若有大量需要随机处理的数据，就不能将这些数据都存储在片内，可以通过扩展数据存储器的方法满足要求。本项目将发光二极管的闪烁次数存储在片外的数据存储器中，通过指令进行数据的调用和存储，理解数据存储器的扩展方法及使用。

项目实施

一、控制电路设计

（一）设计思路

本设计使用 AT89C51 单片机芯片的 P0 口和 P2 口进行数据存储器的扩展。P0 口分时复用作数据/地址线，P2 口用作地址线。选择使用 74HC373 锁存器与 P0 进行连接。扩展用的数据存储器选用 HM6116 芯片，内存容量为 2KB。为了区分数据存放的位置，在 HM6116 芯片中存储发光二极管的闪烁次数。

（二）电路设计

1. 数据存储器扩展电路

本电路先将 P0 口与 74HC373 锁存器的输入引脚（D0～D7）进行连接，然后将 74HC373 的输出（Q0～Q7）与 HM6116 数据存储器的地址线的低 8 位（A0～A7）连接。由于 HM6116 数据存储器有 2KB 的存储空间，编址范围是 0000H～07FFH，高 8 位仅 A8～A10有效，因此 P2 口的 P2.0～P2.2 与 HM6116 的 A8～A10 连接即可。

2. 控制电路

1）$\overline{EA}$/VPP 引脚：本设计选用 AT89C51 单片机芯片，程序存放在片内程序存储器中，因此$\overline{EA}$/VPP 接高电平。

2）ALE 引脚：本设计使用此引脚的“地址锁存允许信号”功能，因此将 ALE 引脚与 74HC373 锁存器的允许端 G 连接。

3）$\overline{RD}$（17 号）及$\overline{WR}$（16 号）引脚：本设计使用这两个引脚对外部数据存储器进行读写选通控制，因此将$\overline{RD}$引脚与 HM6116 数据存储器的数据输入选通引脚$\overline{OE}$连接，将$\overline{WR}$引脚与 HM6116 的 $\overline{WR}$ 连接。

综合以上设计，得到如图 8-1 所示的数据存储器扩展电路图。

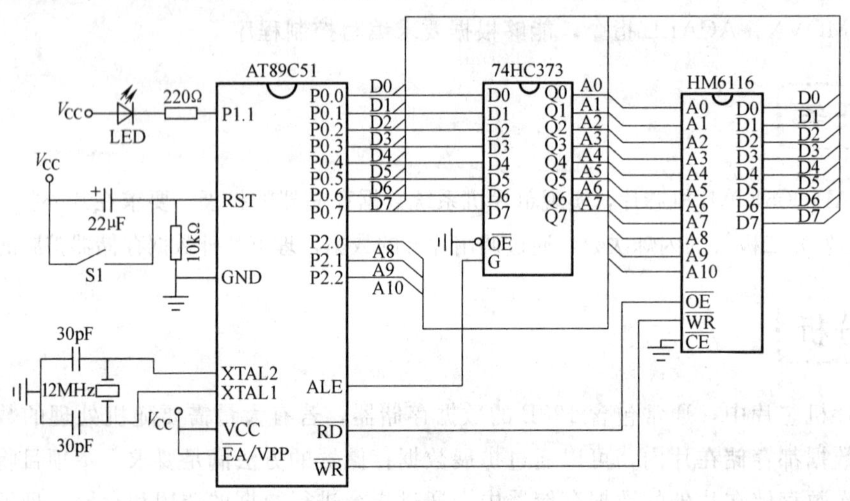

图 8-1　数据存储器扩展原理图

（三）材料表

通过项目分析和原理图可以得到实现本项目所需的元器件，元器件参数见表 8-1。

表 8-1　元器件清单

序　号	元器件名称	元器件型号	元器件数量	备　注
1	单片机芯片	AT89C51	1 片	DIP 封装
2	锁存器	74HC373	1 片	DIP 封装
3	数据存储器芯片	HM6116	1 片	DIP 封装
4	发光二极管	Φ5	1 只	普通型
5	晶振	12MHz	1 只	
6	电容	30pF	2 只	瓷片电容
		22μF	1 只	电解电容
7	电阻	200Ω	1 只	碳膜电阻
		10kΩ	1 只	碳膜电阻
8	按键		1 只	无自锁
			1 只	带自锁
9	40 脚 IC 座		1 片	用于安装单片机芯片
10	20 脚 IC 座		1 片	用于安装锁存器芯片
11	24 脚 IC 座		1 片	用于安装数据存储器芯片
12	导线			

二、控制程序编写

（一）绘制程序流程图

本项目是为了学习数据存储器的扩展方法，因此程序设计较简单，主要突出片外 RAM 的使用方法。程序结构如图 8-2 所示。

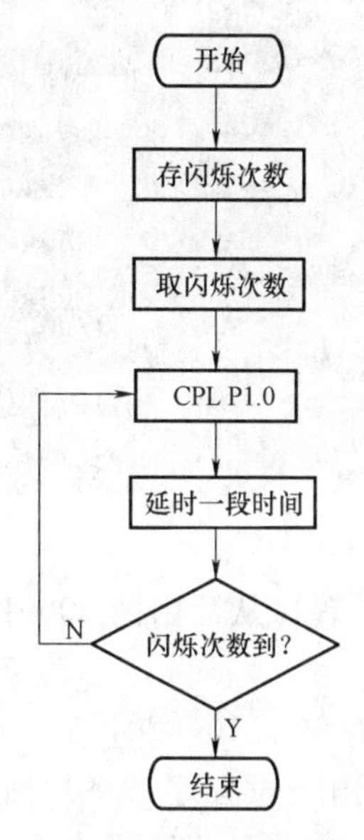

图 8-2　数据存储器扩展程序流程图

（二）编写汇编源程序

1. 参考程序清单

标号	操作码	操作数	指令功能（注释）
	ORG	0000H	；伪指令，指明程序从 0000H 单元开始存放
	LJMP	MAIN8	；控制程序跳转到“MAIN8”处执行
	ORG	0800H	；主程序从 0800H 单元开始
MAIN8：	MOV	R0，#50H	；片内 RAM 存储数据的首单元
	MOV	R1，#6	；存储 6 个数据
	MOV	DPTR，#0100H	；片外 RAM 存储数据的首单元
	MOV	A，@R0	；取片内第一个数据送 A
	MOVX	@ DPTR，A	；第一个数送片外 0100H 单元
	INC	R0	；指向下个取数单元
	INC	DPTR	；指向下个存储数据的单元
	DJNZ	R1，MAIN8	；是否将 6 个数据送完
	CLR	A	
	MOV	DPTR，#0100H	；确定片外 RAM 中存储数据的单元地址
	MOVX	A，@DPTR	；将片外 RAM 中对应单元的内容取出并送入 A 中
	MOV	R7，A	；将 A 中内容送入 R7 中
XS：	CLR	P1.1	；将 P1.1 引脚清零，发光二极管亮

```
        ACALL   DELAY        ; 调延时程序
        CPL     P1.0         ; 将 P1.0 引脚取反
        ACALL   DELAY        ; 调延时程序
        DJNZ    R7, XS       ; 判断循环次数是否到
        SJMP    $            ; 程序停止
        ORG     0F00H
DELAY:  MOV     R7, #10      ; 延时程序，将立即数 10 送通用寄存器 R7
D0:     MOV     R6, #100     ; 将立即数 100 送通用寄存器 R6
D1:     MOV     R5, #200     ; 将立即数 200 送通用寄存器 R5
D2:     DJNZ    R5, D2       ; 根据 R5 减 1 后的内容判断程序执行方向
        DJNZ    R6, D1       ; 根据 R6 减 1 后的内容判断程序执行方向
        DJNZ    R7, D0       ; 根据 R7 减 1 后的内容判断程序执行方向
        RET                  ; 子程序返回指令
        END                  ; 程序结束标记
```

2. 程序执行过程

单片机上电或执行复位操作后，程序从片内的 0000H 单元开始执行，并跳转到主程序 MAIN8 处。

在片内 50H～55H 单元中事先存储了 10，20，30，40，50，60 这 6 个数据，以 MOV 指令实现即可。主程序开始，先利用一段程序，将片内存储的数据存放到片外 0100H～0105H 的 6 个单元中。然后，根据数据指针 DPTR 的值，到对应的片外 RAM 单元中取数并送入 R7。执行“XS”程序段，根据指令控制显示用的发光二极管闪烁。当发光二极管闪烁一次后，利用“DJNZ　R7，XS”指令，判断闪烁次数是否到，若没有到，则返回“XS”处继续执行；若闪烁次数已经到了，则程序停止。

本程序取得的是 0100H 单元的数据 10，即可以控制发光二极管闪烁 10 次。若要取 0103H 单元的数据，只要利用“MOV　DPTR，#0103H”改变 DPTR 的数值，或者在“MOV DPTR，#0100H”指令后添加 3 条“INC DPTR”指令即可实现。

（三）指令学习

1. 片外数据传送指令（MOVX）

这类指令的功能是实现片外 RAM 与累加器 A 之间的数据传送，以达到片内与片外进行数据传送的目的。

汇编指令	指令功能
MOVX　A，@DPTR	以 DPTR 内容为单元地址，将此地址内容送 A
MOVX　A，@Ri	以 Ri 内容为单元地址，将此地址内容送 A
MOVX　@DPTR，A	将 A 中内容送到以 DPTR 内容为地址的单元
MOVX　@Ri，A	将 A 中内容送到以 Ri 内容为地址的单元

在 MCS－51 系列单片机指令系统中，与片外 RAM 进行数据传送只可以是累加器 A，所有对片外 RAM 进行读写的操作必须通过 A 来完成。内部 RAM 单元之间可以进行直接的数据传送，但是外部 RAM 不行。若外部 RAM 单元间要进行数据传送，必须利用本组指令通过编写程序实现。

要对外部 RAM 进行读写，就必须知道单元地址。对外部 RAM 的寻址只能用间接寻址方式，可使用 DPTR 或者 Ri 作间址寄存器。DPTR 是 16 位数据指针，用@DPTR 可对片外 RAM 整个 64KB 地址空间寻址；Ri 是 8 位寄存器，只能对片外 256 个单元寻址。读写操作时，应先将要读写的片外 RAM 单元地址送入 DPTR 或者 Ri 中，然后使用 MOVX 指令。

［**例 8-1**］将片外 RAM 的 90H 单元内容传送到内部 RAM 的 90H 单元中。

解：题设分析得知，要求将片外数据送片内，可以使用“MOVX　A，@DPTR”或者“MOVX　A，@Ri”指令。因为片外单元 90H 在 256B 地址空间之内，所示可以用 Ri 作间址寄存器。因此编写程序如下：

```
MOV   R0，#90H
MOVX   A，@R0
MOV   90H，A
```

［**例 8-2**］将片外 0600H 单元内容和片内 60H 单元内容互换。

解：题设分析可知，既有片内送片外的操作，又有片外送片内的操作。片外单元是 0600H，使用 DPTR 作间址寄存器。编写程序如下：

```
MOV   40H，60H               ；先将片内 60H 内容送 40H 保护
MOV   DPTR，#0600H
MOVX   A，@DPTR
MOV   60H，A                 ；片外 0600H 单元内容送入片内 60H
MOV   A，40H                 ；从片内 40H 取出保护的数据
MOVX  @DPTR，A               ；片内 60H 单元内容送入片外 0600H 单元
```

2. 绝对调用指令（ACALL）

汇编指令	指令功能
ACALL　addr11	根据给出的 11 位地址计算目的地址，并将程序转移到此处执行子程序

绝对调用指令中提供了 11 位目的地址，可调用 2KB 范围内的子程序。执行指令时，PC 当前值（即下一条指令的地址）自动进栈，指令中 11 位目的地址装入 PC 的低 11 位，高 5 位不变。

三、程序仿真与调试

1）运行 Keil，将程序正确输入，以文件名 main8. asm 保存并添加到工程，编译通过，如图 8-3 所示。

2）将编译生成的 main8. hex 文件通过编程器写入 AT89C51 单片机芯片，将芯片安装到焊接好的电路中，通电后运行程序观察控制现象。若要修改源程序则要重新编译、写程序、安装芯片、通电、运行程序并观察控制现象，从而理解数据存储器扩展的意义及指令的使用方法。

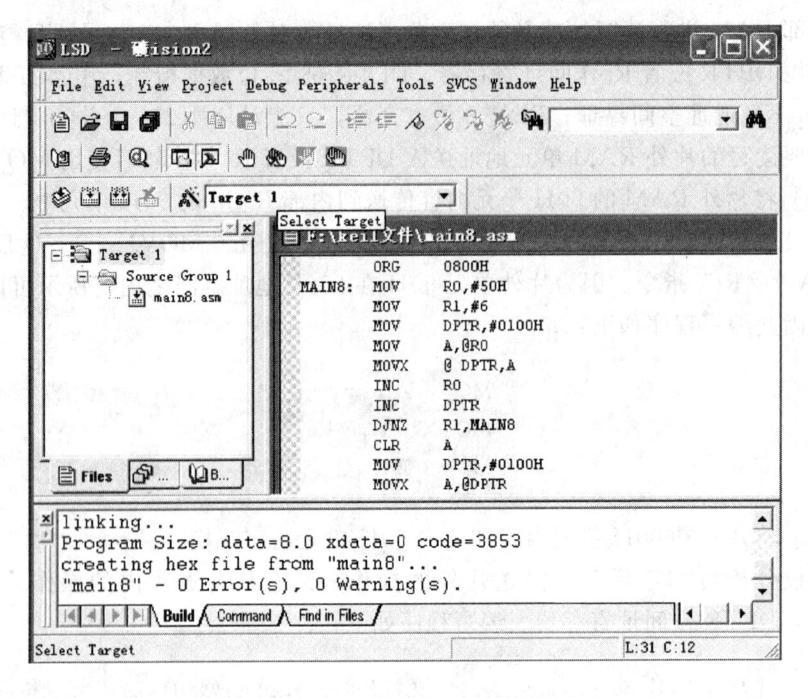

图 8-3　程序输入并编译

知识点链接

存储器扩展技术

一、数据存储器扩展

MSC－51 系列单片机内部有 128B 的 RAM（52 系列有 256B），在某些应用场合片内 RAM 不够用，需要进行数据存储器扩展，扩展容量可达 64KB。MSC－51 系列单片机使用专门的指令与外部数据存储器联系，它们分别是：

MOVX A，@Ri；读操作

MOVX @Ri，A；写操作，i＝0，1

这两种操作可寻址 256B 数据存储器单元。

MOVX A，@DPTR；读操作

MOVX @DPTR，A；写操作

这两种操作可寻址 64KB 数据存储器单元。

1. 常用 RAM 芯片介绍

6116 和 6264 是常用的静态随机存储器芯片，它们都采用 CMOS 工艺制造，单一＋5V 供电，典型存取时间最大为 200ns。不同的是，6116 的存储容量是 2KB×8，是静态随机存储器芯片，额定功耗为 160mW，24 线双列直插式封装；6264 是 8KB×8 位静态随机存储器芯片，额定功耗为 200mW，28 线双列直插式封装，其引脚配置如图 8-4 所示。工作方式见表 8-2。

表 8-2　6264 的工作方式

$\overline{WE}$	$\overline{CE1}$	CE2	$\overline{OE}$	方式	D0～D7
				未选中	高阻
0	0	1	1	写	DIN
1	0	1	0	读	DOUT

6264 的引脚功能：

A0～A12：13 根地址线；

$\overline{CE1}$：片选 1；

$\overline{OE}$：读允许线；

VCC：＋5V 工作电源；

D0～D7：8 根双向数据线；

CE2：片选 2；

GND：接地线；

$\overline{WE}$：写允许线。

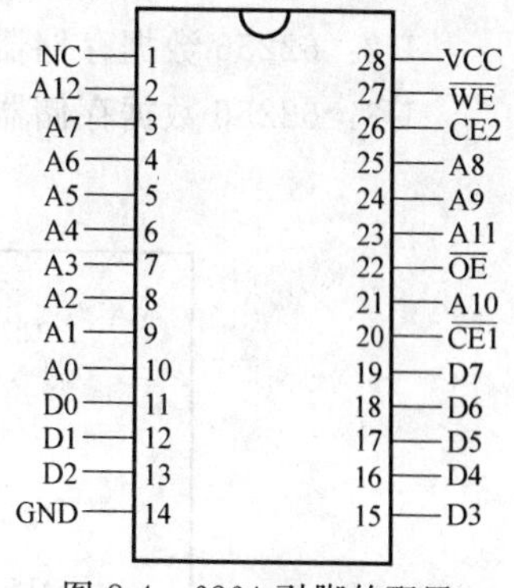

图 8-4　6264 引脚的配置

2. 常用的扩展方法

图 8-5 所示为 6264 扩展的原理图，可以看出，CE2 接高电平，89C51 的$\overline{RD}$与 6264 的$\overline{OE}$相接，$\overline{WR}$与$\overline{WE}$相接，P2.5 与$\overline{CE1}$相接，6264 的 A0～A12 与系统地址总线 A0～A12 相接，D0～D7 与 89C51 的 P0 口相接。这样，89C51 扩展了 8KB 的外部数据存储器，地址为 0000H～1FFFH。

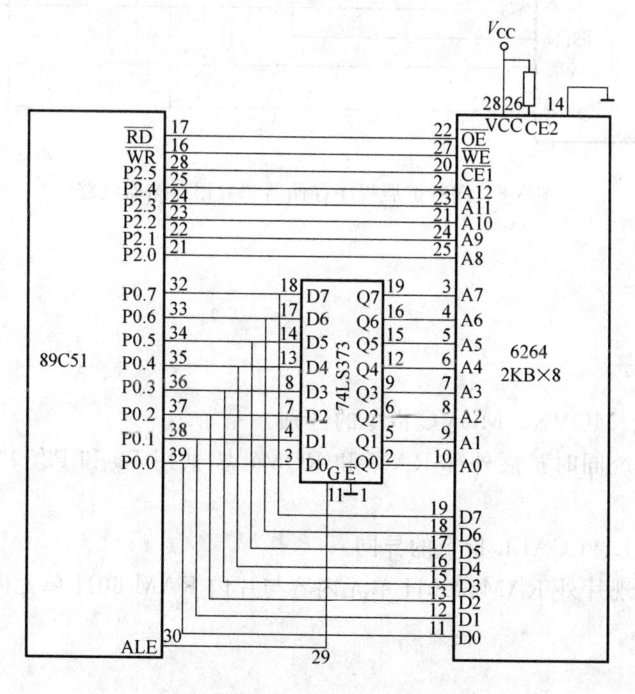

图 8-5　扩展 6264 静态 RAM

二、同时扩展程序存储器和数据存储器

图 8-6 给出了一个系统同时扩展程序存储器和数据存储器的例子。

27512 为 64KB EPROM，62256 为 32KB RAM。这样，系统共扩展了 64KB 程序存储器、64KB 数据存储器，其地址为：

U1：27512 程序存储器，地址为 0000H～FFFFH；

U2：62256 数据存储器，地址为 0000H～7FFFH；

U3：62256 数据存储器，地址为 8000H～FFFFH。

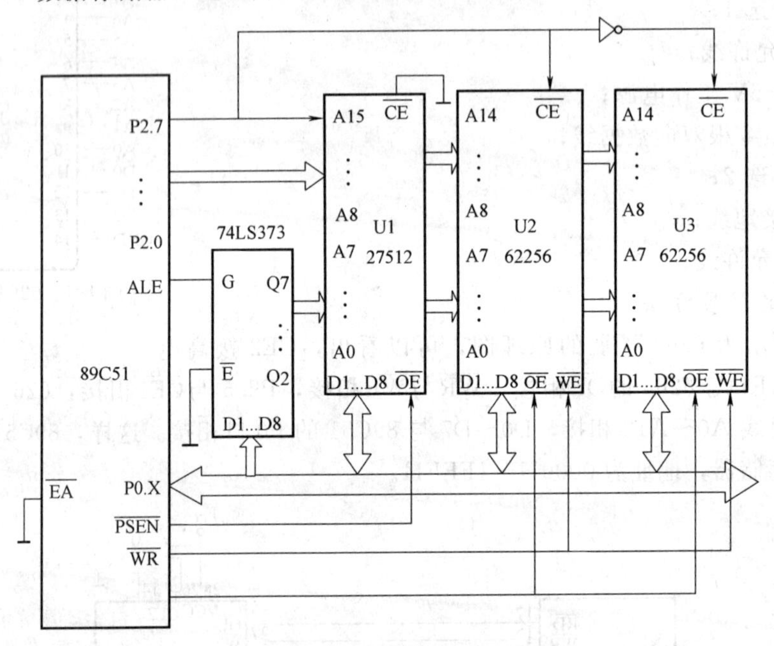

图 8-6　同时扩展程序存储器和数据存储器电路

项目测试

编程及问答题

1. 说明 MOV、MOVX、MOVC 指令的区别。

2. 若单片机系统同时扩展外部 RAM 和 ROM，需共用 P0 和 P2 口，会不会发生冲突？为什么？

3. 分析 ACALL、LCALL 指令的异同。

4. 编写程序实现片外 RAM2000H 单元内容与片内 RAM 60H 单元内容的交换。

项目评估

项目评估表

评价项目	评价内容	配分/分	评价标准	得分
硬件电路	电子电路基础知识	20	掌握单片机芯片对应引脚的名称、序号、功能　5 分	
			掌握单片机最小系统原理分析　10 分	
			认识电路中各元器件功能及型号　5 分	
焊接工艺	元器件整形、插装	5	按照原理图及元器件焊接尺寸正确整形、安装	
	焊接	5	符合焊接工艺标准	
程序编制、调试、运行	指令学习	10	正确理解程序中所用指令的意义	
	程序分析、设计	20	能正确分析程序的功能　10 分	
			能根据要求设计功能相似的程序　10 分	
	程序调试与运行	20	程序输入正确　5 分	
			程序编译仿真正确　5 分	
			能修改程序并分析　10 分	
安全文明生产	使用设备和工具	10	正确使用设备及工具	
团结协作	集体意识	10	各成员分工协作，积极参与	

项目九　交通信号灯模拟控制

项目目标

通过交通灯模拟控制系统，学习 MCS－51 系列单片机 I/O 扩展技术，掌握 8255 芯片的结构及编程方法，能够分析并编写控制程序。

项目任务

应用 AT89C51 单片机芯片和 8255A 芯片，模拟城市交通信号灯的控制过程。设计电路并编程实现。

项目分析

我们生活的城市，道路纵横交错，四通八达。随着人们生活水平的提高，各种车辆的增加，加剧了城市交通的负担。为了使我们生活的环境井然有序，街头随处可见的交通信号灯起到了重要的作用。本项目利用单片机 I/O 口扩展技术，结合 8255A 芯片，设计一个模拟交通灯控制系统。每个路口分别设计“红、黄、绿”3 个信号灯，4 个路口的 12 个信号灯，由 8255A 的输出口控制。

项目实施

一、控制电路设计

（一）设计思路

本设计通过 8255A 可编程的通用并行接口芯片，对 AT89C51 单片机芯片进行输入/输出口的扩展，其中 8255A 的每个功能寄存器口地址就相当于一个 RAM 存储单元，单片机可以像访问外部存储器一样访问 8255A 的接口芯片。

（二）电路设计

1. 8255A 与 AT89C51 的连接

AT89C51 与 8255A 的硬件连接一般如图 9-1 所示。AT89C51 与 8255A 连接时，8255A 的$\overline{RD}$、$\overline{WR}$（读、写）引脚分别与 AT89C51 的$\overline{RD}$、$\overline{WR}$引脚对应连接；采用线选法寻址 8255A，即 AT89C51 的 P2.7 接 8255A 的$\overline{CS}$，作为 8255A 的片选信号，AT89C51 的 P0 口

作为地址线时，低两位地址线连 8255A 的端口选择线 A1、A0，所以 8255A 的 PA 口、PB 口、PC 口、控制口的地址分别为 7FFCH（0111111111111100B——P2.7=0，8255A 工作；A1A0=00，选择 8255A 的 PA 口）、7FFDH、7FFEH、7FFFH。

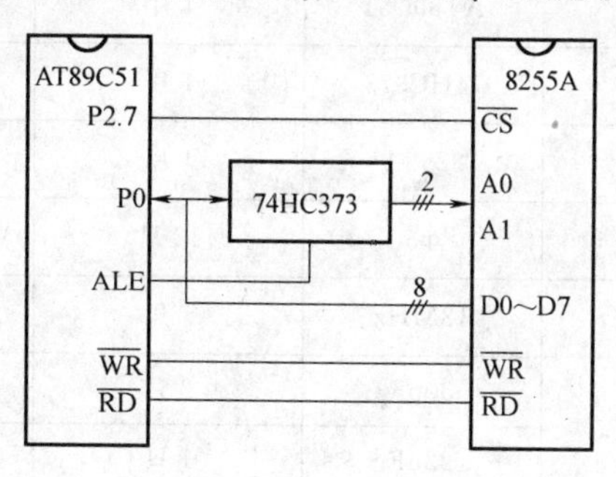

图 9-1　AT89C51 与 8255A 的硬件连接

2. 交通信号灯电路

选用 12 只发光二极管模拟信号灯，分别有红、黄、绿三种颜色。为了进一步理解 8255A 各功能口的使用，选择 PA 口以及 PB 口的 PB.0～PB.3 共 12 个引脚，分别对 12 只发光二极管进行亮灭的控制。

3. 控制电路

1）$\overline{EA}$/VPP 引脚：　本设计选用 AT89C51 单片机芯片，使用片内程序存储器，因此 $\overline{EA}$/VPP 引脚接高电位。

2）RESET 引脚：AT89C51 单片机芯片的 RESET 引脚与 8255A 的 RESET 引脚连接，以保证系统可靠复位。

3）ALE 引脚：本项目中使用此引脚的“地址锁存允许信号”功能，ALE 引脚与 74HC373 锁存器的允许端 G 连接。

4）$\overline{RD}$、$\overline{WR}$引脚：作为读写控制引脚，与 8255A 的对应引脚连接。

综合以上设计，得到图 9-2 所示的交通灯模拟控制电路图。

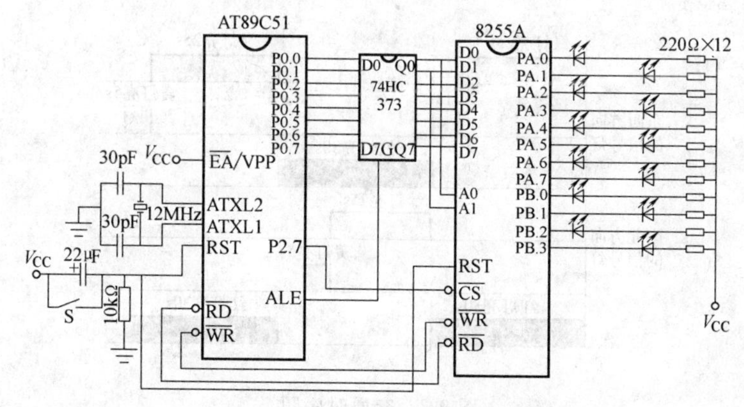

图 9-2　交通灯控制电路图

（三）材料表

通过项目分析和原理图可以得到实现本项目所需的元器件，元器件参数见表 9-1。

表 9-1 元器件清单

序 号	元器件名称	元器件型号	元器件数量	备 注
1	单片机芯片	AT89C51	1片	DIP 封装
2	锁存器	74HC373	1片	DIP 封装
3	并行接口芯片	8255A	1片	DIP 封装
4	发光二极管	Φ5	12只	普通型，红、黄、绿各4只
5	晶振	12MHz	1只	
6	电容	30pF	2只	瓷片电容
		22uF	1只	电解电容
7	电阻	220Ω	12只	碳膜电阻
		10kΩ	1只	碳膜电阻
8	按键		1只	无自锁
			1只	带自锁
9	40脚IC座		2片	用于安装单片机芯片和8255A芯片
10	20脚IC座		1片	用于安装锁存器芯片
11	导线			

二、控制程序编写

（一）绘制程序流程图

交通灯一般分为红、黄、绿三种颜色，红灯作为禁止通行的信号标志，本项目中禁行的时间设为30s；绿灯作为允许通行的信号标志，黄灯作为通行与禁行切换时的间隔信号标志，黄灯亮时间为5s，绿灯亮时间为25s。

1）交通时序图如图9-3所示。

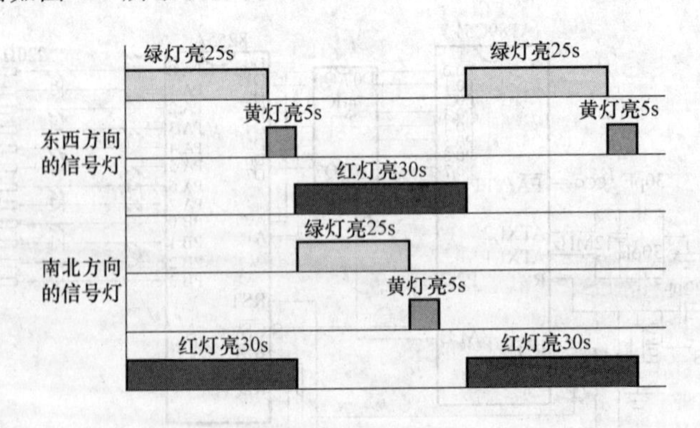

图 9-3 交通时序图

2）信号灯的控制状态与8255A输出数据见表9-2，表中1表示不亮，0表示亮。

表 9-2　信号灯状态对应数据表

方向	北			西			南			东			代码
灯	绿	黄	红	绿	黄	红	绿	黄	红	绿	黄	红	
信号灯	PB.3	PB.2	PB.1	PB.0	PA.7	PA.6	PA.5	PA.4	PA.3	PA.2	PA.1	PA.0	
初始（红灯全亮）	1	1	0	1	1	0	1	1	0	1	1	0	B口：0DH A口：B6H
东西绿南北红	1	1	0	0	1	1	1	1	0	0	1	1	B口：0CH A口：F3H
东西黄南北红	1	1	0	1	0	1	1	1	1	0	0	1	B口：0DH A口：75H
东西红南北绿	0	1	1	1	1	0	0	1	1	1	1	0	B口：07H A口：9EH
东西红南北黄	1	0	1	1	1	0	1	0	1	1	1	0	B口：0BH A口：AEH

3）交通灯管理程序流程图如图 9-4 所示。

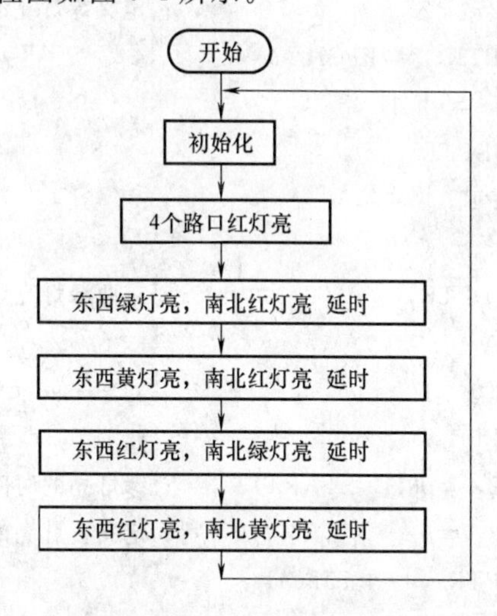

图 9-4　交通灯管理程序流程图

（二）编写汇编源程序

1. 参考程序清单

```
标号        操作码      操作数
            ORG         0000H
            LJMP        MAIN9
            ORG         000BH
            LJMP        INTT0                       ；定时中断入口
            ORG         0900H
```

```
MAIN9:   LCALL   DELAY                 ；为使得 8255 可靠复位，先延时一段时间
         MOV     SP，  #60H            ；设堆栈指针
         MOV     DPTR，  #7FFFH
         MOV     A，#80H
         MOVX    @DPTR，  A            ；定义 8255 工作方式
         MOV     DPTR，  #7FFCH        ；A 口地址
         MOV     A，  #0B6H
         MOVX    @DPTR，  A
         INC     DPTR                  ；B 口地址
         MOV     A，#0DH
         MOVX    @DPTR，  A            ；4 个红灯全亮
         LCALL   DELAY                 ；调延时，然后开始进入控制过程
         MOV     TMOD，#01H
         MOV     TH0，#3CH
         MOV     TL0，#0B0H            ；对定时器初始化
START:   MOV     R1，#20               ；定义 1s 的循环次数
         MOV     R2，#25               ；定义绿灯亮的时间
START1:  MOV     DPTR，#7FFCH
         MOV     A，#0F3H
         MOVX    @DPTR，  A
         INC     DPTR
         MOV     A，#0CH
         MOVX    @DPTR，  A            ；东西绿灯亮，南北红灯亮
         SETB    EA
         SETB    ET0
         SETB    TR0
         CJNE    R2，#00H，START1      ；绿灯亮的时间是否到
         MOV     R2，#5                ；定义黄灯亮的时间
START2:  MOV     DPTR ，  #7FFCH
         MOV     A，#75H
         MOVX    @DPTR，  A
         INC     DPTR
         MOV     A，#0DH
         MOVX    @DPTR，  A            ；东西黄灯亮，南北红灯亮
         CJNE    R2，#00H，START2      ；黄灯亮的时间是否到
         MOV     R2，#25
START3:  MOV     DPTR，#7FFCH
         MOV     A，#9EH
         MOVX    @DPTR，A
         INC     DPTR
```

```
            MOV         A, #07H
            MOVX        @DPTR, A                ;南北绿灯亮，东西红灯亮
            CJNE        R2, #00H, START3
            MOV         R2, #5
START4:     MOV         DPTR, #7FFCH
            MOV         A, #0AEH
            MOVX        @DPTR, A
            INC         DPTR
            MOV         A, #0BH
            MOVX        @DPTR, A                ;南北黄灯亮，东西红灯亮
            CJNE        R2, #00H, START4
            LJMP        START
INTT0:      MOV         TH0, #3CH
            MOV         TL0, #0B0H
            DJNZ        R1, FH
            MOV         R1, #20
            DJNZ        R2, FH
            MOV         R2, #00H
FH:         RETI
            ORG         0F00H                   ;延时程序同前
DELAY:      MOV         R7, #10
                        ……
            RET
            END
```

2. 程序执行过程

程序开始，在0000H～0002H单元中存放跳转指令，使程序转移到主程序（MAIN9）执行。使用单片机的定时/计数器进行时间控制，在000BH开始的单元存放跳转指令，在发生定时中断时，可以转移到中断处理程序执行。

主程序首先对8255A芯片进行初始化，在本项目中选择工作方式为：A口方式0输出，B口方式0输出，其控制字为10000000B，即80H。START1、START2、START3、START4四个子程序主要完成A口和B口的输出以控制发光二极管的亮与灭，从而控制交通路口的信号。

［注意］**A口的地址是7FFCH，B口的地址是7FFDH。所以在程序多次使用了加1指令。**

DELAY（延时子程序）同前，在程序开始运行前使用，以使得单片机芯片和8255芯片能可靠的复位。

三、程序仿真与调试

1）运行Keil并将源程序输入，以文件名main9.asm保存并添加到工程中，编译并检查是否有语法错误至编译通过，如图9-5所示。

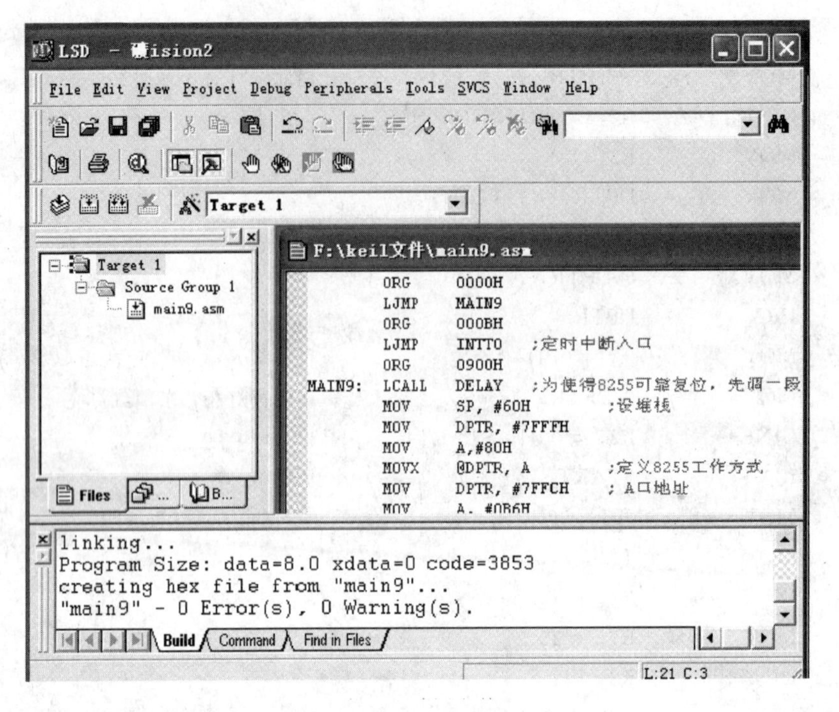

图 9-5　编译文件

2）利用编程器将编译生成的 main9. hex 文件写入单片机芯片，安装到焊接好的电路板上，接通电源运行程序，观察 12 个发光二极管的亮灭情况。

3）结合实际生活中交通灯的控制现象，如绿灯闪烁 3 次切换为黄灯，修改源程序，重新保存文件、编译、写入芯片并运行，观察控制现象。

4）将源程序中 main9 处调延时的程序删除，重复 1）、2）步骤，可以观察到系统不能实现正常的控制，从而理解开机调延时的作用是使得电路中各芯片可靠复位。

知识点链接

可编程并行接口芯片 8255

8255A 是 Intel 公司生产的通用可编程并行 I/O 接口芯片，AT89C51 单片机芯片与其相连可为外设提供 3 个 8 位 I/O 端口，可采用同步、查询和中断方式传送 I/O 数据。

一、Intel 8255A 的基本特性

1）具有两个 8 位（A 口和 B 口）和两个 4 位（C 口高/低四位）并行输入/输出端口，C 口可按位操作。

2）具有 3 种工作方式：

方式 0——基本输入/输出（A，B，C 口均有）；

方式 1——选通输入/输出（A，B 口具有）；

方式 2——双向选通输入/输出（A 口具有）。

3）可用程序设置各种工作方式并查询各种工作状态。

4）在方式 1 和方式 2 时，C 口作 A 口、B 口的联络线。

5）内部有控制寄存器、状态寄存器和数据寄存器供 CPU 访问。

6）有中断申请能力，但无中断管理能力。

7）40 根引脚，+5V 供电，与 TTL 电平兼容。

二、8255A 的外部引线与内部结构

8255A 是一个单+5V 电源供电，40 个引脚的双列直插式组件，其外部引线和内部结构如图 9-6 所示。

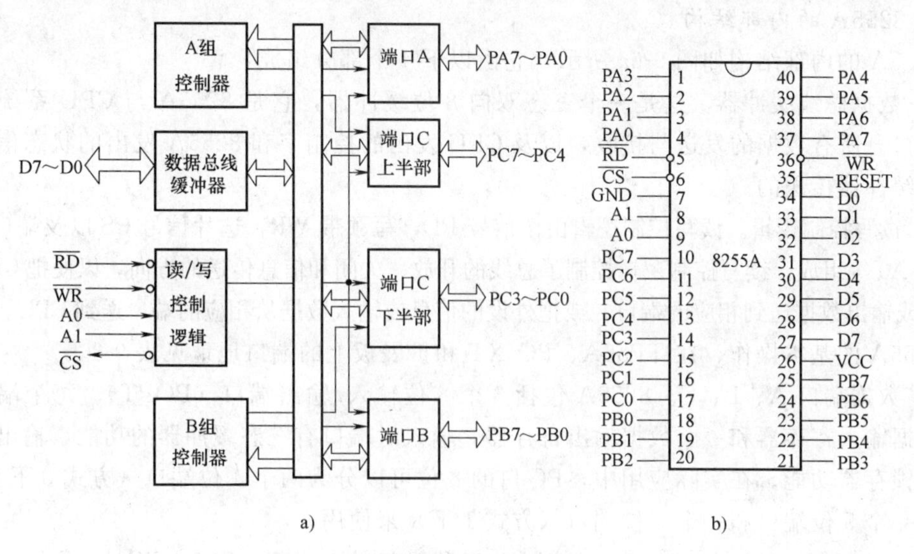

图 9-6　8255A 内部结构及外部引线

1. 8255A 的外部引线

作为接口电路芯片的 8255A 具有面向主机系统总线和面向外设两个方向的连接能力，它的引脚正是为了满足这种连接要求而设置的。

1）面向系统总线的信号线有以下几种。

D7～D0：双向数据线。CPU 通过它向 8255A 发送命令、数据；8255A 通过它向 CPU 回送状态、数据。

$\overline{CS}$：片选信号线，该信号低电平有效，由系统地址总线经 I/O 地址译码器产生。CPU 通过发高低信号使 CS 变成低电平时，才能对 8255A 进行读写操作。当 CS 为高电平时，CPU 与芯片无法通信。

A1，A0：芯片内部端口地址信号线，与系统地址总线低位相连。该信号用来寻址 8255A 内部寄存器。两位地址，可形成片内 4 个端口地址。

$\overline{RD}$：读信号线，该信号低电平有效。CPU 通过执行 IN 指令，发读信号将数据或状态信号从 8255A 读至 CPU。

$\overline{WR}$：写信号线，该信号低电平有效。CPU 通过执行 OUT 指令，发写信号，将命令代码或数据写入 8255A。

RESET：复位信号线，该信号高电平有效。它清除控制寄存器，并将8255A的A、B、C3个端口均置为输入方式；输出寄存器和状态寄存器被复位，并且屏蔽中断请求；24条面向外设的信号线呈现高阻悬浮状态。这种状态一直维持，直到用方式命令才能改变，使其进入用户所需的工作方式。

2）面向I/O设备的信号线有以下几种。

PA0～PA7：端口A的输入/输出线。

PB0～PB7：端口B的输入/输出线。

PC0～PC7：端口C的输入/输出线。

这24根信号线均可用来连接I/O设备，通过它们可以传送数字量信息或开关量信息。

2. 8255A的内部结构

8255A的内部结构如图9-6a所示，它由以下4个部分组成：

1）数据总线缓冲器。这是一个三态双向8位缓冲器，它是8255A与CPU系统数据总线的接口。所有数据的发送与接收，以及CPU发出的控制字和8255A发出的状态信息都是通过该缓冲器传送的。

2）读写控制逻辑。读写控制逻辑由读信号RD，写领带WR，选片信号CS以及端口选择信号A1、A0等组成。读写控制逻辑控制了总线的开放、关闭和信息传送的方向，以便把CPU的控制命令或输出数据送到相应的端口；或把外设的信息或输入数据从相应的端口送到CPU。

8255A的基本操作、在TP86A、PC/XT和扩展板上的端口地址见表9-3。

3）数据端口A、B、C。8255A包括3个8位输入/输出端口（POPT）。每个端口都有一个数据输入寄存器和一个数据输出寄存器，输入时端口有三态缓冲器的功能，输出时端口有数据锁存器功能。在实际应用中，PC口的8位可以分为两个4位端口（方式0下），也可以分成一个5位端口和一个3位端口（方式1下）来使用。

4）A组和B组控制电路。A组控制A口和C口的上半部（PC7～PC4），B组控制B口和C口的下半部（PC3～PC0）的工作方式和输入/输出。A组、B组的控制寄存器还接收按位控制命令，以实现对PC口的按位置位/复位操作。

三、8255A的编程命令

8255A的编程命令包括工作方式控制字和PC口的按位置位/复位控制字两个命令，它们是用户使用8255A来组建各种接口电路的重要工具。

由于这两个命令都是送到8255A的同一个控制端口，为了让8255A能识别是哪个命令，故采用特征位的方法。若写入的控制字的最高位D7=1，则是工作方式控制字；若写入的控制字D7=0，则是PC口的按位置位/复位控制字。

1. 工作方式控制字

该控制字作用是指定3个并行端口（PA、PB、PC）是作输入还是作输出端口以及选择8255的工作方式。由表9-3可看出A口可工作于方式0、1、2；B口只能工作于方式0、1。

[注意] 在方式1、2下，C口分别作为A口和B口的联络信号线使用，但0对C口的定义（输入或输出）不会影响C口的作用。

表 9-3　工作方式控制字格式及每位的定义

1	D6	D5	D4	D3	D2	D1	D0
特征位	A组方式		A口	C7～C4	B组方式	B口	C3～C0
	00=方式0		0=输出	0=输出	0=方式0	0=输出	0=输出
	01=方式1		1=输入	1=输入	1=方式1	1=输入	1=输入
	10=方式2		双向传输方式				

2. PC口按位置/复位控制字

该控制字作用是指定PC口的某一位输出高电平还是低电平，其定义见表9-4。

表 9-4　PC口按位置/复位控制字格式及每位的定义

0	D6	D5	D4	D3	D2	D1	D0
特征位	不用			C口位选择			1=置位
				000=C口0位 PC0			0=复位
				001=C口1位 PC1			
				…			
				111=C口7位 PC7			

按位置位/复位命令产生的输出信号，可作为控制开关的通/断、继电器的吸合/释放、电动机的起动/停止等操作的选通信号。

例如，把A口指定为方式1，输入；C口上半部定为输出；B口指定为方式0，输出；C口下半部定为输入。于是，工作方式字是：10110001B或B1H。若将此控制字的内容写到8255A的控制寄存器，即实现了对8255A工作方式的指定，或叫作完成了对8255A的初始化。初始化的程序段为：

```
MOV  A,    #0B1H；初始化（工作方式字）
MOV  DPTR，#7FFFH；8255A控制口地址
MOVX @DPTR，A
```

又如，把C口的PC2置1，则命令字应该为00000101B或05H。将该命令字的内容写入8255A的命令寄存器，就实现了将PC口的PC2引脚置位的操作：

```
MOV  DPTR，#7FFFH；8255A控制口地址
MOV  A,    #05H；使PC2=1的控制字
MOVX @DPTR，A；送到控制字
```

项目测试

编程及问答题

1. 要求将8255A设为方式0，而A口为输入，B口、C口为输出，对8255进行初始化编程。

2. 假设图9-2中8255A的PA口接一组开关，PB口接一组指示灯，如果要将AT89C51的寄存器R2的内容送指示灯显示，将开关状态读入AT89C51 累加器A，请写出8255初始化和输入输出程序（设8255各端口的工作方式设置为：A口方式0输入；B口方式1输出）。

项目评估

项目评估表

评价项目	评价内容	配分/分	评价标准	得分
硬件电路	电子电路基础知识	20	掌握单片机芯片对应引脚的名称、序号、功能　5分	
			掌握单片机最小系统原理分析　10分	
			认识电路中各元器件功能及型号　5分	
焊接工艺	元器件整形、插装	5	按照原理图及元器件焊接尺寸正确整形、安装	
	焊接	5	符合焊接工艺标准	
程序编制、调试、运行	指令学习	10	正确理解程序中所用指令的意义	
	程序分析、设计	20	能正确分析程序的功能　10分	
			能根据要求设计功能相似的程序　10分	
	程序调试与运行	20	程序输入正确　5分	
			程序编译仿真正确　5分	
			能修改程序并分析　10分	
安全文明生产	使用设备和工具	10	正确使用设备及工具	
团结协作	集体意识	10	各成员分工协作，积极参与	

项目十　4 位 LED 时钟显示控制

项目目标

通过一个 4 位数的时钟显示系统，进一步学习 MCS－51 系列单片机定时器和中断系统的编程方法，掌握定时器的应用，能够使用动态显示方法进行电路设计和软件编程。

项目任务

应用 AT89C51 单片机芯片以及 8255A 芯片，实现 4 位 LED 的时钟（分、秒）的显示。设计控制电路并编写程序。

项目分析

本项目是定时器/计数器与中断的综合应用，利用 8255A 扩展 AT89C51 单片机芯片的 I/O 口，实现 4 位 LED 的时钟（分、秒）的显示。

项目实施

一、控制电路设计

（一）设计思路

时钟计时就是以秒、分、时为单位进行的计时。本项目为了简化电路，只设计秒、分的计时，计时周期是 60min，显示满刻度为 59min59s。在本项目中，用单片机来模拟时钟，由定时器/计数器产生 50ms 的时基信号，每隔 50ms 定时器向 CPU 发出一次中断请求，CPU 响应中断后转入中断服务程序。中断服务程序以秒、分为单位对实时时钟进行计数。

（二）电路设计

1. 4 位 LED 显示电路

本项目利用 8255A 进行 I/O 口扩展，连接 4 位七段 LED 数码管，以实现时钟（分、秒）控制及显示。由于 8255A 只有 3 个 I/O 口，4 位 LED 显示器采用了动态显示方法。在电路中以 PB 口输出段选码，PA 口输出位选码，PA 口地址是 7FFCH，PB 口地址是 7FFDH。位选码占用输出口的线数决定于显示器的位数。由于系统中选用了 4 个共阴极的 LED，而 8255A PB 口正逻辑输出的位控与共阴极 LED 要求的低电平点亮正好相反，因此使用 75452（或 7406）作为反向驱动器（30V 高反压，OC 门），即当 PB 口位控线输出高电平时，点亮一位 LED。7407 是同相 OC 门，作段选码驱动器。

2. 控制电路

1）$\overline{EA}$/VPP 引脚：本设计选用 AT89C51 单片机芯片，控制较简单，程序也不复杂，因此$\overline{EA}$/VPP 引脚接高电位。

2）RESET 引脚：AT89C51 芯片的 RESET 引脚与 8255A 的 RESET 引脚连接，以保证系统可靠复位。

3）ALE 引脚：本项目中使用此引脚的“地址锁存允许信号”功能，ALE 引脚与 74HC373 锁存器的允许端 G 连接。

4）$\overline{RD}$、$\overline{WR}$引脚：作为读写控制引脚，与 8255A 的对应引脚连接。

综合以上设计，得到控制电路如图 10-1 所示。

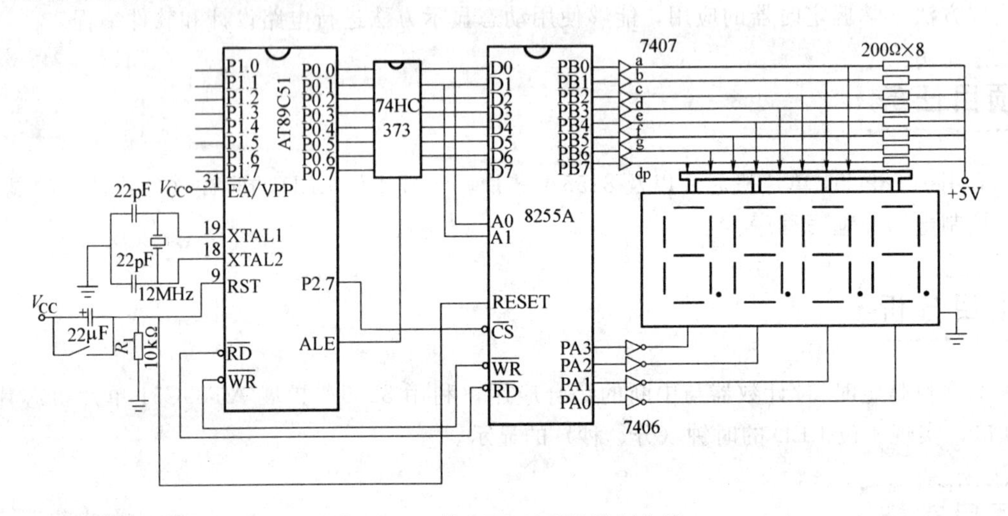

图 10-1　4 位 LED 显示及控制电路

（三）材料表

通过项目分析和原理图可以得到实现本项目所需的元器件，元器件参数见表 10-1。

表 10-1　元器件清单

序　号	元器件名称	元器件型号	元器件数量	备　注
1	单片机芯片	AT89C51	1 片	DIP 封装
2	锁存器	74HC373	1 片	DIP 封装
3	并行接口芯片	8255A	1 片	DIP 封装
4	7 段数码管		4 只	共阴极
5	同向缓冲器	7407	2 片	DIP 封装
6	反向缓冲器	7406	1 片	DIP 封装
7	晶振	12MHz	1 只	
8	电容	30pF	2 只	瓷片电容
		22μF	1 只	电解电容
9	电阻	200Ω	8 只	碳膜电阻
		10kΩ	1 只	碳膜电阻
10	按键		1 只	无自锁，用作复位
			1 只	带自锁
11	40 脚 IC 座		2 片	用于安装单片机芯片和 8255A 芯片
12	14 脚 IC 座		4 片	用于安装锁存器及 7407、7406 芯片
13	导线			

二、控制程序编写

（一）实现时钟计时显示的基本方法

本设计是一个综合项目，程序编写较复杂，因此采用将程序分解的方法，先编写单一功能的子程序并给出流程图。

1）计算计数初值。时钟计时的关键问题是秒的产生，因为秒是最小时钟单位，但使用MCS－51系列单片机的定时器/计数器进行定时时，即使选取工作方式1，最大定时时间也只能达到65.5ms，离1s还差很远。因此，我们把秒计时用硬件定时和软件计数相结合的方法实现，即把定时器的定时时间定为50ms，这样计数溢出20次就可得到1s，而20次计数可用软件方法实现。

为得到50ms定时，我们可使用定时器/计数器0，以工作方式1进行，单片机为12MHz晶振，设计数初值为X，则有如下等式：

$(2^{16}-X)\times 1=50000$

计算的计数初值X＝3CB0H，即TL0＝0B0H，TH0＝3CH。

2）定时器采用中断方式完成，以便于通过中断服务程序进行溢出次数（每次50毫秒）的设计，计数20次即得到秒计时。

3）通过在程序中的数值累加和数值比较来实现从秒到分的计时。

4）设置时钟显示及显示缓冲区。假定时钟时间在4位LED数码管（LED3-LED0）上进行显示（分、秒各占两位）。因此，要在内部RAM中设置显示缓冲区，共4个单元（79H～7CH），与数码管的对应关系为：LED3-7CH、LED2-7BH、LED1-7AH、LED0-79H，即显示缓冲区从左向右依次存放分、秒的数值。

5）绘制程序流程图。在主程序中对8255A的PA口和PB口初始为基本输出方式，PA口地址为7FFCH，PB口地址为7FFDH。程序流程图如图10-2所示。

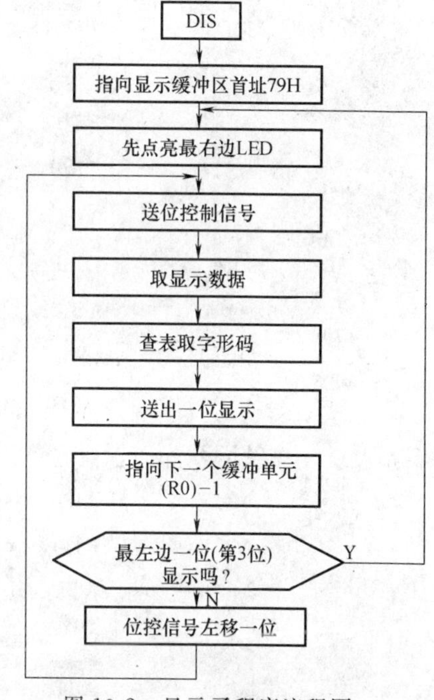

图10-2 显示子程序流程图

（二）汇编源程序编写

1. 参考程序清单

标号	源程序		注释
	操作码	操作数	
	ORG	0000H	
	LJMP	MAIN10	
	ORG	000BH	
	LJMP	PIT0	
	ORG	0A00H	

```
MAIN10:  LCALL   DIMS           ; 延时 1ms，以使得各芯片可靠复位
MAIN:    MOV     SP, #60H       ; 确立堆栈区
         MOV     R0, #79H       ; 显示缓冲区首地址
         MOV     DPTR, #7FFFH
         MOV     A, #80H
         MOVX    @DPTR, A       ; 8255 初始化
         MOV     R7, #04H       ; 显示位数
ML1:     MOV     @R0, #00H      ; 显示缓冲单元清零
         INC     R0
         DJNZ    R7, ML1
         MOV     TMOD, #01H     ; 定时器 0，工作方式 1
         MOV     TL0, #0B0H     ; 装计数器初值
         MOV     TH0, #3CH
         SETB    EA             ; TR0 置 1，定时开始
         SETB    ET0            ; EA 置 1，中断总允许
         SETB    TR0            ; ET0 置 1 ，定时器 0 中断允许
         MOV     30H, #14H      ; 要求的计数溢出次数，即循环次数
ML0:     LCALL   DISPLAY        ; 调用显示子程序
         AJMP    ML0
PIT0:    PUSH    PSW            ; 中断服务程序，现场保护
         PUSH    ACC
         SETB    PSW.3          ; RS1RS0=01，选第 1 组通用寄存器
         MOV     TL0, #0B0H     ; 计数器重新加载
         MOV     TH0, #3CH
         MOV     A, 30H
         DEC     A
         MOV     30H, A         ; 循环次数减 1
         JNZ     RET0           ; 不满 20 次，转 RET0 返回
         MOV     30H, #20       ; 满 20 次，开始计时操作
         MOV     R0, #7AH       ; 秒显示缓冲单元地址
         ACALL   DAAD1          ; 秒加 1
         MOV     A, R2          ; 加 1 后秒值在 R2 中
         XRL     A, #60H
         JNZ     RET0           ; 判是否到 60s，不到，转 RET0 返回
         ACALL   CLR0           ; 到 60s 显示缓冲单元清零
```

```
          MOV     R0，#7CH          ；分显示缓冲单元清零
          ACALL   DAAD1             ；分加1
          MOV     A，R2             ；加1后分值在R2中
          XRL     A，#60H           ；判是否到60min
          JNZ     RET0              ；不到，转RET0返回
          ACALL   CLR0              ；到60min，分显示缓冲单元清零
RET0：    POP     ACC
          POP     PSW               ；现场恢复
          RETI                      ；中断返回
DAAD1：   MOV     A，@R0            ；加1子程序，十位数送A
          DEC     R0
          SWAP    A                 ；十位数占高4位，个位数占低4位
          ORL     A，@R0
          ADD     A，#01H           ；加1
          DA      A                 ；十进制调整
          MOV     R2，A             ；数值暂存R2中
          ANL     A，#0FH           ；屏蔽十位数，取出个位数
          MOV     @R0，A            ；个位值送显示缓冲单元
          MOV     A，R2
          INC     R0
          ANL     A，#0F0H          ；屏蔽个位数取出十位数
          SWAP    A                 ；使十位数占低4位
          MOV     @R0，A            ；十位数送显示缓冲单元
          RET                       ；返回
CLR0：    CLR     A                 ；清缓冲单元子程序
          MOV     @R0，A            ；十位数缓冲单元清0
          DEC     R0
          MOV     @R0，A            ；个位数缓冲单元清0
          RET                       ；返回
DISPLAY： MOV     R3，#01H
          MOV     A，R3
          MOV     R0，#79H
LP0：     MOV     DPTR，#7FFCH      ；8255A口地址
          MOVX    @DPTR，A
          INC     DPTR              ；数据指针指向8255B口
```

```
            MOV     A, @R0                ；取显示数据
            ADD     A, #12                ；加上偏移量
            MOVC    A, @A+PC              ；取出字形
            MOVX    @DPTR, A              ；送出显示
            INC     R0                    ；数据缓冲区地址加1
            MOV     A, R3
            JB      ACC.3, LP1            ；是否扫描到第四个显示器
            RL      A                     ；左移一位
            MOV     R3, A
            AJMP    LP0
LP1:        RET
                    DB  3FH, 06H, 5BH, 4FH, 66H, 6DH
                    DB  7DH, 07H, 7FH, 6FH, 77H, 7CH
                    DB  39H, 5EH, 79H, 71H, 40H, 00H
DIMS:       MOV     R7, #02H              ；延时1ms子程序
DL:         MOV     R6, #0FFH
DL1:        DJNZ    R6, DL1
            DJNZ    R7, DL
            RET
            END
```

2. 程序执行过程

1）主程序（MAIN）：主程序的主要功能是进行定时器/计数器的初始化编程，然后通过反复调用显示子程序的方法，等待50ms定时中断的到来。

2）中断服务程序（PIT0）：中断服务程序的主要功能是进行计时操作。程序开始先判断计数溢出是否满了20次，不满20次表明还没达到最小计时单位秒，中断返回；如满20次则表明已达到最小计时单位秒，程序继续向下执行，进行计时操作。

3）加1子程序（DAAD1）：加1子程序用于完成对秒、分的加1操作，中断服务程序中在秒、分加1时共有两处调用子程序。加1操作包括以下3项内容。

第1项：合数。由于每位LED显示器对应一个8位的缓冲单元，因此由两位BCD码表示的时间值各占用一个缓冲单元，且只占其低4位。因此在加1运算之前把两个缓冲单元中存放的数值合并起来，构成一个字节，然后才能进行加1运算。

第2项：十进制调整。 加1并进行十进制调整。

第3项：分数。把加1后的时间值再拆分成两个字节，送回各自的缓冲单元中。

4）显示子程序（DISPLAY）：显示子程序主要完成对8255的PA口的位数选择和PB口的相对应位的LED显示，寄存器R3存放的是位数选择，当R3＝01H时，表示选择最右边一位（第0位），则PB口输出显示数据点亮最右边LED对应的数码段，从而显示对应的

数据。若秒的个位数字显示为9，则加1后，秒的十位点亮，此时R3＝02H，选择第1位，以此类推，直到四位显示器全部显示完毕再重新循环。

（三）指令学习

十进制调整指令（DA）

这是一条专用指令，用于对BCD码十进制数进行加法运算的结果进行修正。其指令格式为：

DA　A

围绕DA指令有如下几点说明。

1. 十进制调整问题

已经学习过的ADD和ADDC指令都是二进制数加法指令，对二进制数的加法运算都能得到正确的结果。但对于十进制数（BCD码）的加法运算，指令系统中并没有专门的指令，因此只能借助于二进制加法指令，即以二进制加法指令来进行BCD码的加法运算。然而二进制数的加法运算原则不能完全适用于十进制数的加法运算，有时会产生错误结果。例如：

1）6＋3＝9　　2）8＋7＝15　　3）8＋9＝17

```
  0110          1000          1000
+0011         + 0111        +1001
-----         ------        -----
  1001          1111        10001
```

其中：1）的运算结果是正确的，因为9的BCD码就是1001。

2）的运算结果是不正确的，因为十进制数的BCD码中没有1111这个编码。

3）的运算结果也是错误的，因为（8＋9）的正确结果应是17，而运算所得到的结果却是11。

这种情况表明，二进制加法指令不能完全适用于BCD码十进制数的加法运算，因此在使用ADD和ADDC指令对十进制数进行加法运算之后，要对结果进行有条件的修正。

2. 出错原因及调整方法

出错的原因在于BCD码是4位二进制编码，4位二进制数共有16个编码，但BCD码只使用了其中的10个，其余6个没有使用。通常把6个没有用到的编码（1010、1011、1100、1101、1110、1111）称为无效码。

在BCD码的加法运算中，凡结果进入或跳过无效编码区时就会出错。因此一位BCD码加法运算出错情况有以下两种：

第1种，相加结果大于9，说明已进入无效编码区；

第2种，相加结果有进位，说明已跳过无效编码区。

但不管是哪一种出错情况都是由6个无效编码所造成的。调整的方法是在得到的结果上加6，以便把因6个无效码所造成的“损失”补回来。这就是加6调整或加6修正。

3. 字节相加的十进制调整

实际的加法运算中，都是两位BCD码（8位二进制数）为一个字节的相加。对于两位BCD码相加的出错可归纳为以下3种情况，见表10-2。

表 10-2 两位 BCD 码相加出错情况

	CY	A7	A6	A5	A4	AC	A3	A2	A1	A0
Ⅰ	0	1	0	1	0	0	1	0	1	0
	0	1	0	1	1	0	1	0	1	1
	0	1	1	0	0	0	1	1	0	0
	0	1	1	0	1	0	1	1	0	1
	0	1	1	1	0	0	1	1	1	0
	0	1	1	1	1	0	1	1	1	1
Ⅱ	1	0	0	0	0	1	0	0	0	0
	1	0	0	0	1	1	0	0	0	1
	1	0	0	1	0	1	0	0	1	0
	1	0	0	1	1	1	0	0	1	1
Ⅲ	0	1	0	0	1	0	1	0	1	0
	0	1	0	0	1	0	1	0	1	1
	0	1	0	0	1	0	1	1	0	0
	0	1	0	0	1	0	1	1	0	1
	0	1	0	0	1	0	1	1	1	0
	0	1	0	0	1	0	1	1	1	1

其中第Ⅰ种情况为相加结果高 4 位或低 4 位大于 9，进入了 BCD 码的无效编码区；第Ⅱ种情况为相加结果高 4 位或低 4 位产生进位，越过了 BCD 码的无效编码区；第Ⅲ种情况为相加结果高 4 位为 9，低位大于 9。这样低位加 6 修正时产生的进位会使高位大于 9。进入 BCD 码的无效编码区。

综合上述情况，十进制调整的修正方法是：

1）累加器低 4 位大于 9 或辅助进位位（AC）＝1，则进行低 4 位加 6 修正；

A ← （A）＋06H

2）累加器高 4 位大于 9 或进位标志位（CY）＝1，则进行高 4 位加 6 修正；

A← （A）＋60H

3）累加器高 4 位为 9，低 4 位大于 9，则进行高 4 位和低 4 位分别加 6 修正。

A← （A）＋66H

例如：已知（A）＝56H，（R5）＝67H，执行指令：

```
ADD  A,  R5
DA
```

则结果为（A）＝23H，CY＝1。

三、程序仿真与调试

1）运行 Keil 并正确输入源程序，以文件名 main10.asm 保存并添加到工程中，重复编译、检查过程直至成功编译如图 10-3 所示。

2）将编译生成的 main10.hex 文件利用编译器写入单片机芯片，安装到焊接好的电路中，通电后运行程序观察 4 位数码管的显示现象。

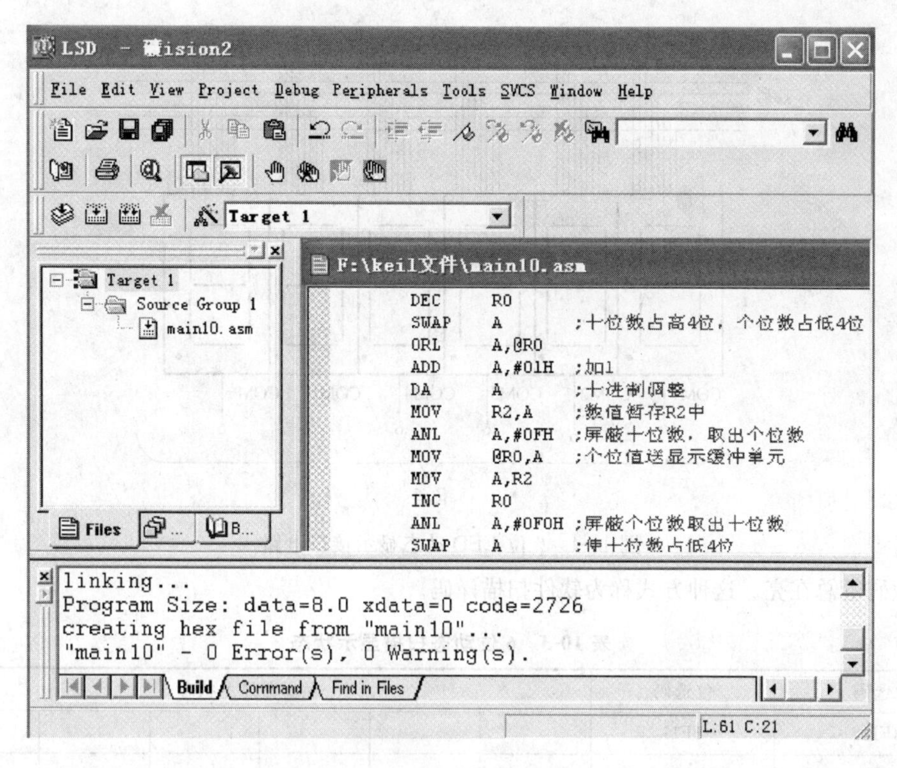

图10-3　文件编译

3）修改源程序——设定初显数据，重复编译写入过程，运行程序观察控制现象。

知识点链接

LED动态显示方式

在多位LED显示时，为了简化电路，降低成本，将所有位的段选线并联在一起，由一个8位I/O口控制。而共阴（或共阳）公共端分别由相应的I/O线控制，实现各位的分时选通。图10-4所示为6位共阴极LED动态显示接口电路。

由于6位数码管的段码都由一个I/O口控制，因此，在每一瞬间，6位LED会得到相同的数据。要想每位显示不同的字符，就必须采用扫描方法轮流点亮各位LED，即在每一瞬间只使某一位显示字符。在此瞬间段选控制I/O口输出相应字符段选码（字型码），而位选控制I/O口则在对应显示位送入选通电平（对应COM端送入低电平），以保证该位显示相应字符。

动态显示方式的工作特点是：在某一时刻，只能有一位显示；要实现多位“同时”显示，只有连续地写入位选信号和段选信号，实现在不同位的显示。实际上，它并不是真正意义上的同时显示，而是N位轮流显示，有先后顺序，且每一时刻只有一位亮；可是由于视觉暂留的缘故，在视觉上被当成是“同时”显示的，这一点一定注意。另外，在送两个选择信号时，要循环送数才能保持长时间显示，否则就不能实现稳定地显示。例如，要求显示“LL0－20”时，段选码、位选码及显示状态见表10-3。段选码、位选码每送入一次后延时1ms（因为人眼的视觉暂留时间为100ms，所以每位显示的间隔不能超过20ms，并保持延时一段时间），以造成视觉暂留效果，看上

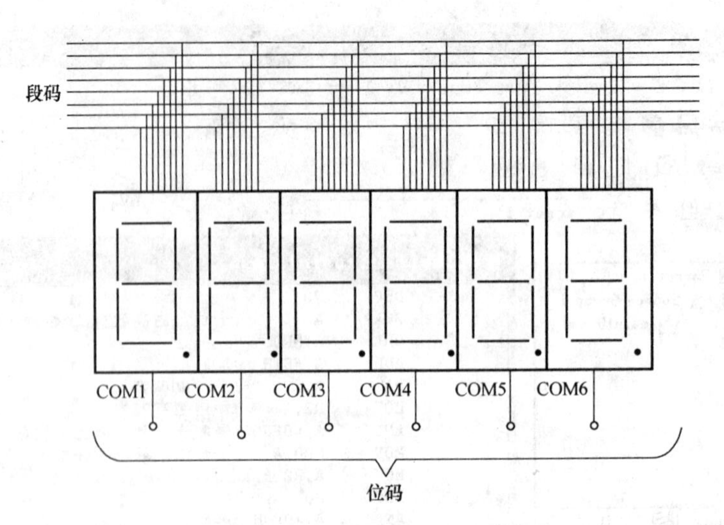

图 10-4　6 位 LED 动态显示接口电路

去每个数码管总在亮。这种方式称为软件扫描译码。

表 10-3　6 位动态扫描显示状态

段选码	位选码	显示器显示状态					
3FH	1FH						0
5BH	2FH					2	
40H	37H				—		
3FH	3BH			0			
2CH	3DH		L				
2CH	3FH	L					

例如，图 10-5 是一个 2 位 LED 数码管显示接口电路，采用动态技术控制显示字形。

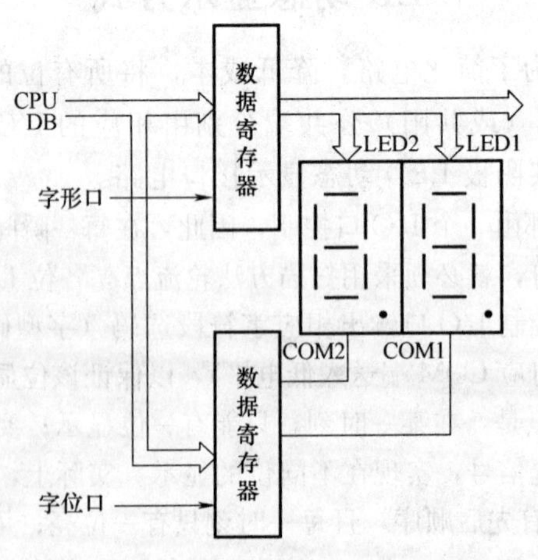

图 10-5　2 位数码管动态显示接口电路

由图 10-5 可见，接口电路中共有 2 个数据输出寄存器与共阴数码管相连。一个寄存器（口地址 10H）的输出接到每个数码管的 a～g 端，用于控制数码管显示的字形，通常称为字

形口；另一个寄存器（口地址20H）的输出分别连接两个数码管的COM端，用于控制不同的数码管被选中并点亮显示字形，通常称为字位口。

如果需要在2位数码管上显示数字“21”，则其显示程序如下：

```
        操作码   操作数
DISP：  MOV     A，#06H        ；数字“1”的字型码送A
        MOV     R0，#10H
        MOV     @R0，A         ；输出数字“1”的显示代码值
        MOV     A，#0FEH
        MOV     R1，#20H
        MOV     @R1，A         ；选中第一位数码管L1
        LCALL   DELAY          ；延时1ms
        MOV     A，#0FFH
        MOV     @R1，A         ；关第一位数码管L1
        MOV     A，#5BH        ；“2”的字型码送A
        MOV     R0，#10H
        MOV     @R0，A         ；输出数字“2”的显示代码值
        MOV     A，#0FDH
        MOV     R1，#20H
        MOV     @R1，A         ；选中第二位数码管L2
        LCALL   DELAY          ；延时1ms
        MOV     A，#0FFH
        MOV     @R1，A         ；关第二位数码管L2
        AJMP    DISP
DELAY： MOV     R7，#02H
LOOP：  MOV     R6，#0FAH
LOOP1： DJNZ    R6，LOOP1
        DJNZ    R7，LOOP
        RET
```

对于两个以上的数码管显示，可以采用这种动态显示方法来实现。

项目测试

一、填空题

设累加器 A 内容为 01010110B，即为 56 的 BCD 码，寄存器 R3 内容为 01100111B，为 67 的 BCD 码，CY 内容为 1，执行下列指令：

```
ADDC  A，R3
DA    A
```

则（A）= ________，CY= ________。

二、编程及问答题

1. LED 动态显示的特点是什么？
2. 根据图 10-5，试编写程序，实现在 2 位数码管上显示数字 53。
3. 如果要显示时、分、秒，则在控制电路和源程序上应如何修改？

项目评估

项目评估表

评价项目	评价内容	配分/分	评价标准	得分
硬件电路	电子电路基础知识	20	掌握单片机芯片对应引脚的名称、序号、功能 5 分	
			掌握单片机最小系统原理分析 10 分	
			认识电路中各元器件功能及型号 5 分	
焊接工艺	元器件整形、插装	5	按照原理图及元器件焊接尺寸正确整形、安装	
	焊接	5	符合焊接工艺标准	
程序编制、调试、运行	指令学习	10	正确理解程序中所用指令的意义	
	程序分析、设计	20	能正确分析程序的功能 10 分	
			能根据要求设计功能相似的程序 10 分	
	程序调试与运行	20	程序输入正确 5 分	
			程序编译仿真正确 5 分	
			能修改程序并分析 10 分	
安全文明生产	使用设备和工具	10	正确使用设备及工具	
团结协作	集体意识	10	各成员分工协作，积极参与	

项目十一　单片机的串行通信

项目目标

通过两个单片机系统之间进行串行数据传送，学习 RS-232C 串行接口标准以及 MAX232 芯片的使用方法，掌握串行通信的硬件电路及程序编写方法，能够进行单片机串行通信的相关设置。

项目任务

要求应用两个单片机系统以及 MAX232 接口芯片，实现单片机之间的串行数据传送，传送的数据通过 2 位 LED 显示。设计单片机控制电路并编程实现。

项目分析

本项目通过 MAX232 芯片，将单片机的全双工串行口转换成标准的 RS-232 接口，在两个单片机系统之间进行数据传送，传送的数据通过 2 位 LED 显示。

项目实施

一、串行通信的硬件电路设计

（一）设计思路

利用 MAX232 接口芯片，将系统 1 的发送端与系统 2 的接收端、系统 1 接收端与系统 2 的发送端连接，在两个系统之间进行数据传送，同时利用各系统的 2 位 LED 数码管显示传送的数据。

（二）电路图设计

1. MCS—51 系列单片机的串行接口

MCS—51 系列单片机有一个全双工串行通信接口，通过引脚 TXD（P3.1）向外发送串行数据，引脚 RXD（P3.0）接收串行数据。SBUF 是串行口缓冲寄存器，包括发送寄存器和接收寄存器。发送寄存器与接收寄存器相互独立，名称、地址相同，但对其操作时却不会发生冲突，因为它们一个只能被 CPU 读出数据，一个只能被 CPU 写入数据。

MCS—51 系列单片机串行口设有两个控制寄存器：串行控制寄存器 SCON 和电源控制寄存器 PCON。

1）串行口控制寄存器 SCON（98H）。SCON 是一个可位寻址的专用寄存器，用于设定串行口的工作方式、接收发送控制以及设置状态标志，其格式见表 11-1。

表 11-1　SCON 寄存器状态表

位名称	工作方式选择		多机通信控制	允许串行接收	发送数据第 8 位	接收数据第 8 位	发送中断标志	接收中断标志
位符号	SM0	SM1	SM2	REN	TB8	RB8	TI	RI

SM0、SM1：串行口工作方式选择位。串行口共有四种工作方式，见表 11-2，其中 f_{osc} 是晶振频率，UART 是通用异步接收和发送器的缩写。

表 11-2　串行口工作方式

SM0、SM1	方　式	功　能	波特率
00	0	8 位同步移位寄存器	$f_{osc}/12$
01	1	10 位 UART	可变
10	2	11 位 UART	$f_{osc}/64$ 或 $f_{osc}/32$
11	3	11 位 UART	可变

SM2：多机通信控制位。在方式 0 时，SM2 必须是 0。在方式 1 时，若（SM2）＝1，则只有接收到有效停止位时，接收中断标志 RI 才被置 1。在方式 2 或 3 时，当（SM2）＝1，且接收到的第 9 位数据（RBS）＝时，RI 才被置 1。

REN：允许串行接收位。由软件置位或清零。（REN）＝1，允许接收串行输入数据；（REN）＝0，禁止接收。

TB8：发送数据的第 8 位。在方式 2 或 3 中，它是发送的第 8 位数据，根据需要由软件置位或清零。可约定作奇偶校验位，或在多机通信中作为区别地址帧或数据帧的标志位。

RB8：接收数据的第 8 位。在方式 0 中，不使用 RB8。在方式 1 中，若（SM2）＝0，RB8 为接收到的停止位。在方式 2 或方式 3 中，RB8 为接收到的第 8 位数据。

TI：发送中断标志位。在方式 0 中，第 8 位数据发送结束时，由硬件自动置位。在其他方式中，在发送停止位之初，由硬件自动置位。TI 置位既表示一帧信息发送结束，同时也是申请中断。可根据需要，用软件查询的方法获得数据已发送完毕的信息，或用中断的方式来发送下一个数据。在任何方式中，TI 都必须用软件清零。

RI：接收中断标志位。在方式 0 中，当接收完毕第 8 位数据后，由硬件将 RI 自动置位。在其他方式中，在接收到停止位的中间时刻由硬件置位（例外情况见对 SM2 的说明）。RI 置位表示一帧数据接收完毕，同时也是中断申请，可用查询的方法获知或用中断的方法获知。与 TI 一样，RI 也必须用软件清零。

2）电源管理控制寄存器 PCON（87H）。PCON 主要是为单片机的电源控制而设置的 8 位专用寄存器。电源正常工作情况下，除最高位 SMOD 与串口的工作方式有关外，其他位对串行口工作均无影响。SMOD 是串行口双倍波特率位。当串行工作于方式 1、2 或 3 时，如使用定时器 T1 做波特率发生器，当（SMOD）＝1 时，串行口波特率加倍。系统复位时默认值为（SMOD）＝0。

2. 波特率选择

如前所述，在串行通信中，收发双方的数据传送率（波特率）要有一定的约定，在MCS—51系列单片机串行口的4种工作方式中，方式0和方式2的波特率是固定的，而方式1和方式3的波特率是可变的，由定时器T1的计数值控制。

1）方式0。方式0的波特率固定为晶振 f_{osc} 的1/12，即波特率= $f_{osc}/12$。

2）方式2。方式2的波特率由PCON中的选择位SMOD决定，（SMOD）=1时，波特率= $f_{osc}/32$；（SMOD）=0时，波特率= $f_{osc}/64$。

3）方式1和方式3。定时器T1作为波特率发生器，计算公式为

$$波特率=\frac{2^{SMOD}}{32}\times\frac{\frac{f_{osc}}{(2^n-X)}}{12}$$

式中，n 为定时器T1工作于方式0、1、2时的计数器位数，X 为计数器的计数初值。

为使用方便，表11-3列出了定时器T1工作于方式2时常用的波特率及对应的计数初值。

表11-3　常用波特率与定时器T1初值关系表

波特率/（bit/s）	f_{osc}/MHz	SMOD	TH1初值（自动装入）
4800	12	1	0F3H
2400	12	0	0F3H
1200	12	1	0F6H
19200	11.059 2	1	0FDH
9600	11.059 2	0	0FDH
4800	11.059 2	0	0FAH
2400	11.059 2	0	0F4H
1200	11.059 2	0	0E8H

3. RS-232接口电路

RS-232C是一种串行接口标准，RS-232接口就是符合RS-232C标准的接口，也称RS-232口、串口、异步口或COM（通信）口。RS-232接口有两种结构：一种是9针，一种是25针。由于RS-232工作时低电平是−8V～−15V，高电平是+8V～+15V，而单片机的工作电压中低电平为0V，高电平为+5V，因此，为保证通信双方电平匹配，需要在单片机串口与RS-232接口之间加电平转换器，本设计选用MAX232电平转换器。

MAX232是的一款兼容RS-232C标准的芯片。该器件包含2个驱动器、2个接收器和1个电压发生器电路，提供TIA/EIA-232-F电平。该器件符合TIA/EIA-232-F标准，每一个接收器将TIA/EIA-232-F电平转换成5V TTL/CMOS电平，每一个发送器将TTL/CMOS电平转换成TIA/EIA-232-F电平。图11-1所示为MAX232引脚图和基本应用电路图。

因此将MCS—51系列单片机芯片的RXD（P3.0）引脚与MAX232的信号输入端 $T2_{IN}$ 连接，TXD（P3.1）引脚与MAX232的信号输出端 $T2_{OUT}$ 连接；将MAX232的信号输出端

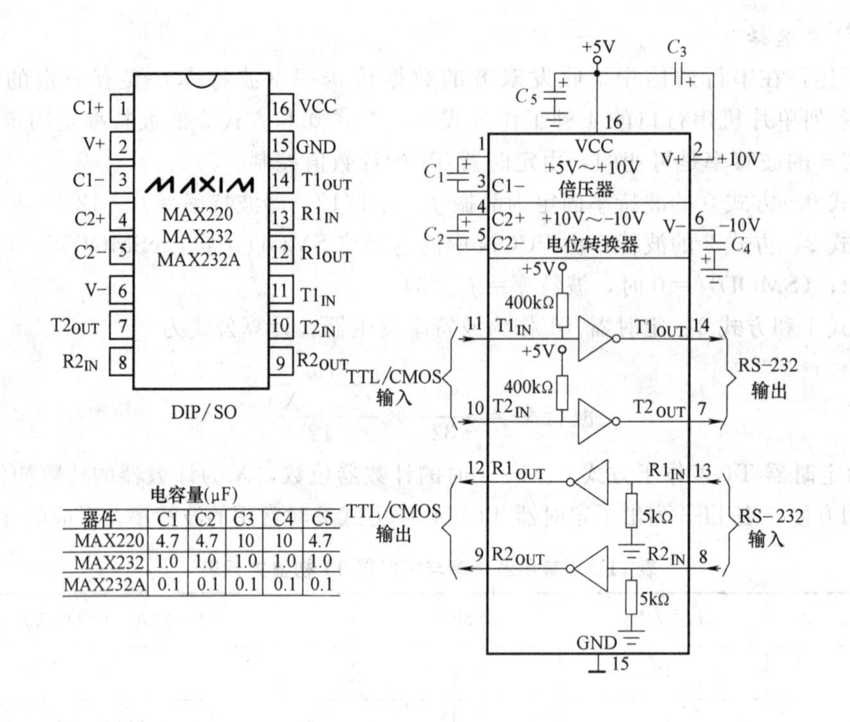

电容量(μF)

器件	C1	C2	C3	C4	C5
MAX220	4.7	4.7	10	10	4.7
MAX232	1.0	1.0	1.0	1.0	1.0
MAX232A	0.1	0.1	0.1	0.1	0.1

图 11-1　MAX232 引脚图和基本应用电路图

$T2_{OUT}$与 RS－232 接口的 2 号脚（RXD）连接，MAX232 的信号输入端 $T2_{IN}$与 RS－232 接口的 3 号脚（TXD）连接；同时将 RS－232 接口的 5 号脚（GND）接地即可。

4. 单片机的显示电路

本项目选择单片机芯片的 P1 口连接 1 位数码管，进行接收数据的显示，数码管采用共阳极型，静态显示方式。

5. 控制电路

本设计选用两个由 AT89C51 单片机芯片组成的单片机系统进行串行通信，两个系统均使用片内程序存储器，因此$\overline{EA}$/VPP 引脚都接高电位，单个系统电路设计如图 11-2a。两个系统间进行串行数据传送时，接受/发送端连接方法如图 11-2b。

综合以上设计，得到图 11-2 所示的单片机串行通信的电路图。

二、控制程序的编写

（一）绘制程序流程图

本项目要实现的是单片机的串行通信，对于程序的编写，只要遵循顺序程序结构进行数据传送即可，因此程序流程图简单绘制如图 11-3 所示。

（二）编制汇编源程序

1. 发送端程序

1）参考程序清单

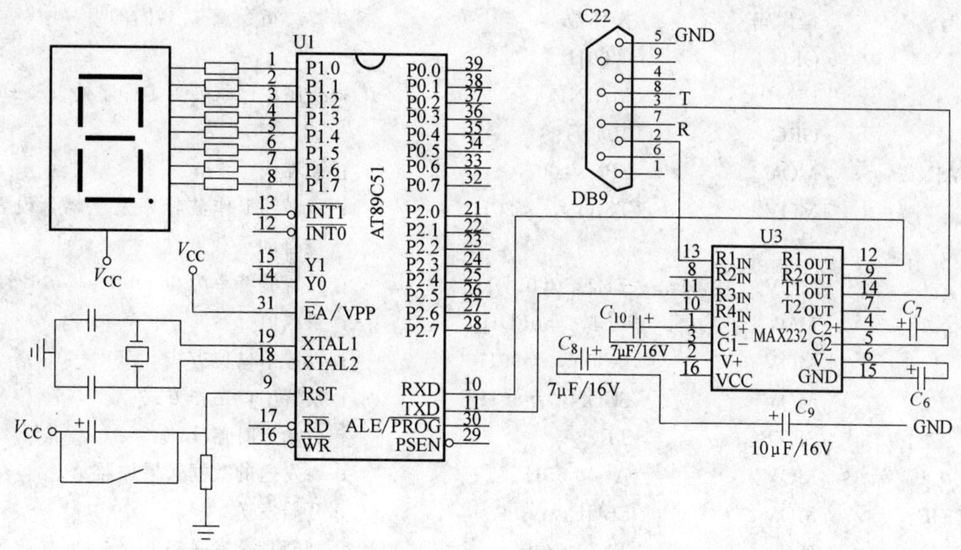

a) 单片机系统图

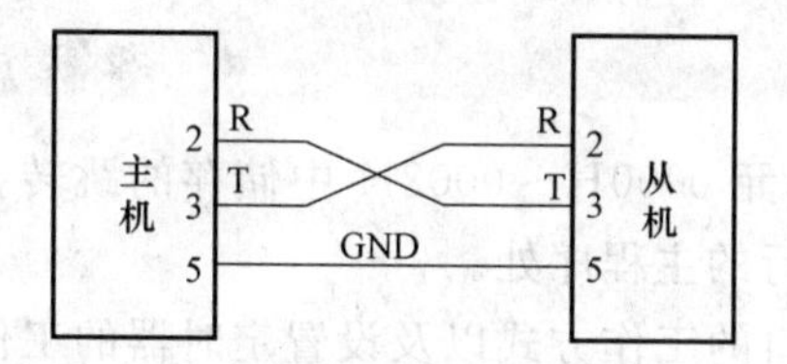

b) 串行通信接线图

图 11-2　串行通信电路图

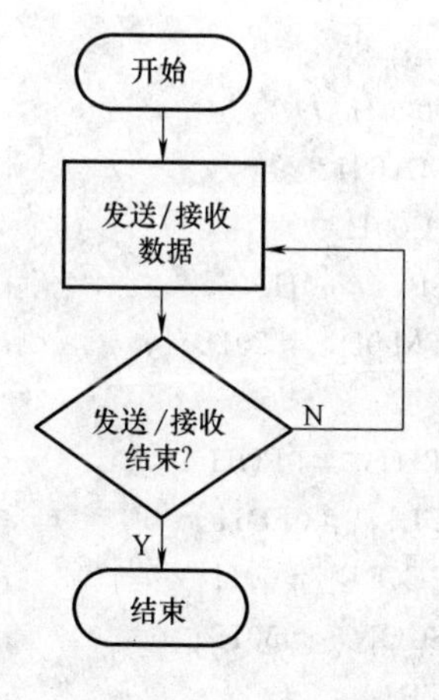

图 11-3　串行通信控制程序流程图

标号	操作码	操作数	指令意义（注释）
	ORG	0000H	
	LJMP	MAIN11	；控制程序跳转到主程序处
	ORG	0B00H	
MAIN11：	MOV	SP，#60H	；设堆栈
	MOV	TMOD，#20H	；设置 T1 作波特率发生器，设置为 8 位自动重载方式
	MOV	TH1，#0FDH	；设置波特率为 9600bit/s
	MOV	TL1，#0FDH	；重载值
	MOV	PCON，#00H	；设置串口位方式 SMOD=0
	MOV	SCON，#50H	；设置串口工作方式
	SETB	TR1	；启动定时器 T1
	MOV	A，#55H	；要发送的数据送累加器 A
LOOP：	MOV	SBUF，A	；开始发送
SEND：	JBC	TI，LOOP	；判断是否发送完
	AJMP	SEND	
	END		；程序结束

2）程序执行过程：在单元 0000H～0002H 中储存的跳转指令是“LJMP MAIN11”指令，从而使程序跳转到要执行的主程序处。

主程序开始首先设置串口的工作方式以及设置定时器的工作方式，并开中断。然后预置时间常数并选择通信波特率，接着启动定时器，开始取出要发送的数据并发送即可。

2. 接收端程序

1）参考程序清单

标号	操作码	操作数	指令意义（注释）
	ORG	0000H	
	LJMP	MAIN12	；控制程序跳转到主程序处 12
	ORG	0C00H	
MAIN12：	MOV	SP，#60H	；设堆栈
	MOV	TMOD，#20H	；设置 T1 作波特率发生器，设置为 8 位自动重载方式
	MOV	TH1，#0FDH	；设置波特率为 9600bit
	MOV	TL1，#0FDH	；重载值
	MOV	PCON，#00H	；设置串口位方式 SMOD=0
	MOV	SCON，#50H	；设置串口工作方式
	SETB	TR1	；启动定时器 T1
	SETB	REN	；允许接收
RECC：	JBC	RI，SENDWT	；是否接受完一个字节
	AJMP	RECC	

```
SENDWT:  MOV     A, SBUF              ;将接受数据读入累加器 A
         CLR     RI                   ;清接受标志
         CJNE    A, #55H, RECC        ;比较接受数据是否是 55H，不是继续
                                      接收
         MOV     P1, A                ;是 55H，接收数据送 P1 口显示
         AJMP    $
         END                          ;程序结束
```

2）程序执行过程：在单元 0000H～0002H 中储存的跳转指令是“LJMP MAIN12”指令，从而使程序转到要执行的主程序处。

主程序开始首先设置串口的工作方式以及设置定时器的工作方式，并开中断。然后预置时间常数并选择通信波特率，接着启动定时器，开始接收数据并送 P1 口显示至结束即可。

三、程序仿真与调试

1）运行 Keil 并正确输入源程序，以文件名 main11.asm 和 main12.asm 保存并添加到工程中，重复编译、检查过程直至编译成功，如图 11-4 所示。

2）将编译生成的 main11.hex、main12.hex 文件利用编译器写入单片机芯片，安装到焊接好的电路中，通电后运行程序观察数据传送的显示现象。

3）修改源程序——改变传送的数据，重复编译写入过程，运行程序观察控制现象。

知识点链接

串行通信基础知识

计算机与外界的信息交换称为通信。通信的基本方式分为并行通信和串行通信两种。并行通信是指所传送数据的每一位同时进行传送，而串行通信是指被传送数据按顺序一位一位地传送。如图 11-5 所示，并行方式比串行方式传送速度快，但因所传送数据的每一位都占用一条传输线，所以当数据位较多时，其硬件设备成本高，传输的距离也不能太远。而串行方式虽然传送速度慢，但其硬件设备成本低，且传输距离较远，所以在许多情况下都采用串行方式通信。

一、串行通信分类

串行通信可以分为异步通信和同步通信两种方式。

1. 异步通信方式

在异步通信中，数据通常是以字符（或字节）为单位组成字符帧传送的。字符帧由发送端一帧一帧地发送，通过传输线为接收设备一帧一帧地接收。发送端和接收端可以由各自的时钟来控制数据的发送和接收步调，两个时钟源彼此独立，不同步。

在异步通信中，为保证数据传送正确，通信双方之间必须有两项规定，即字符帧格式和波特率。

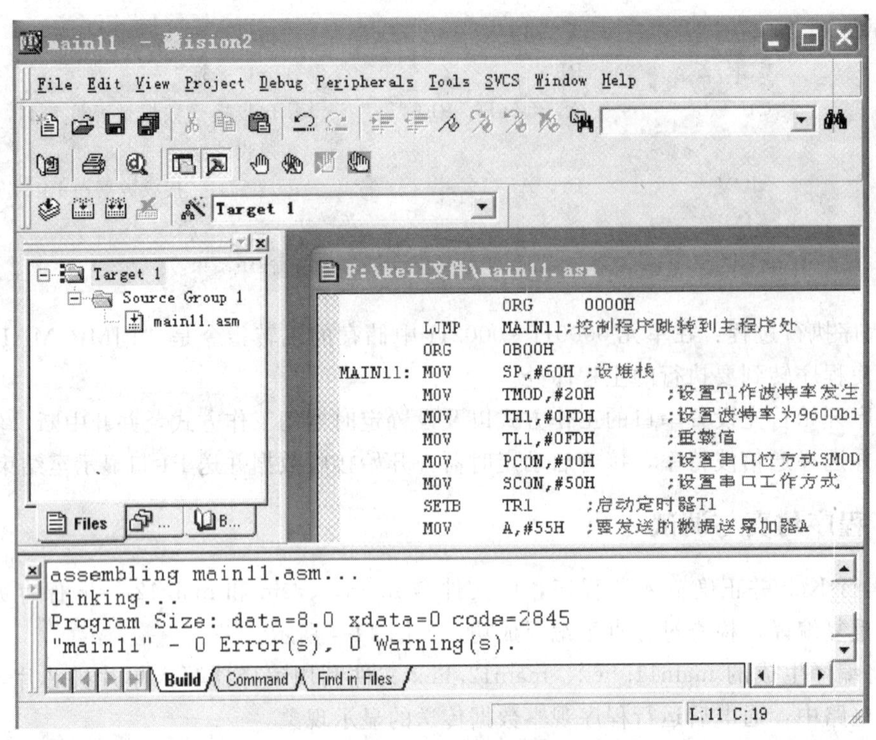

a)

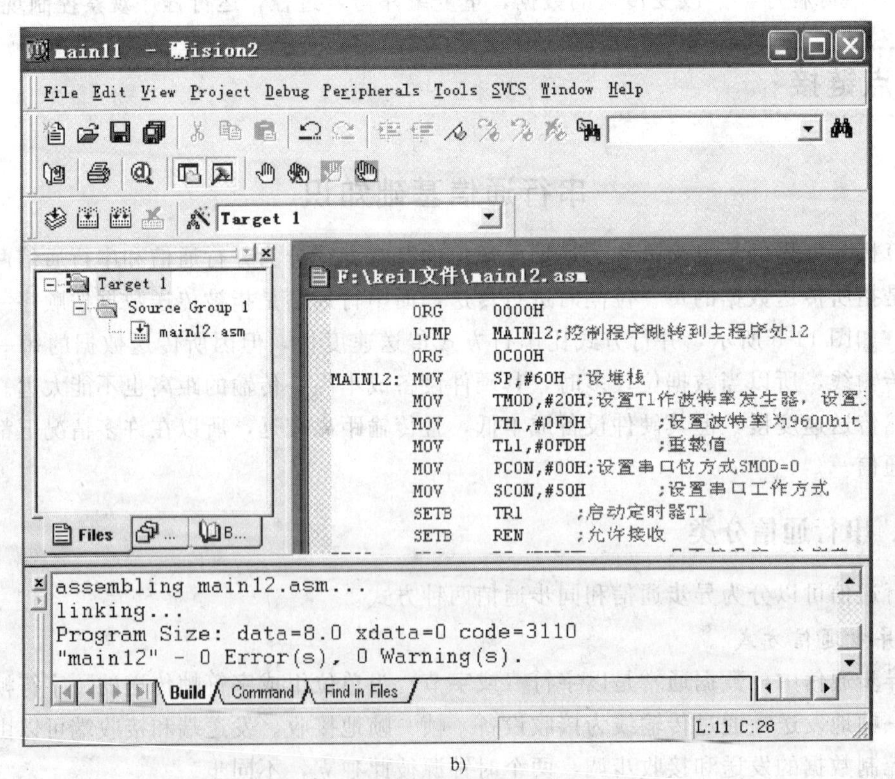

b)

图 11-4 文件保存并编译

a) main11 程序编译窗口 b) main12 程序编译窗口

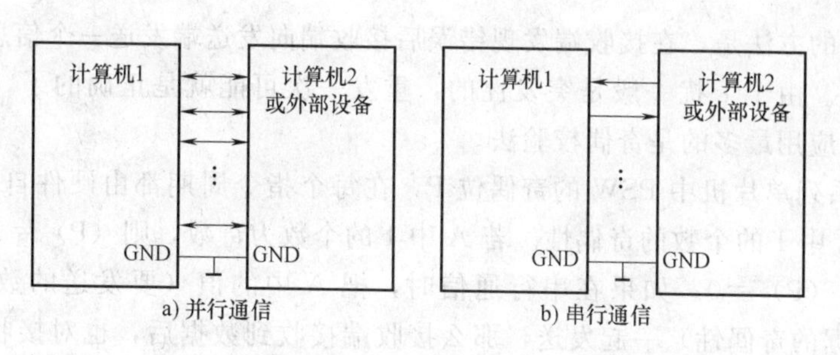

图 11-5 通信方式

1）字符帧。字符帧也叫数据帧，格式如图 11-6 所示，由起始位、数据位、奇偶校验位和停止位组成。

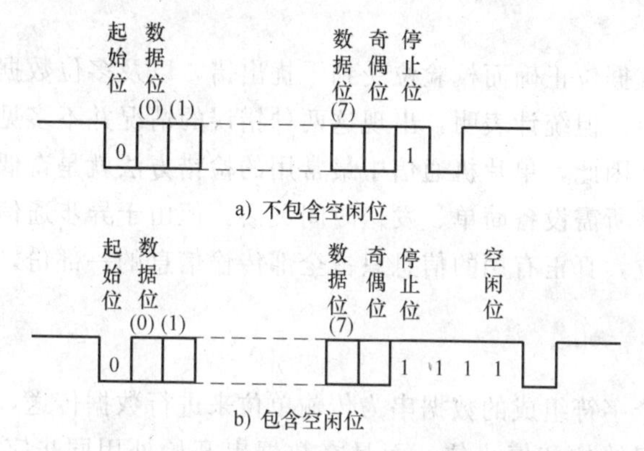

图 11-6 异步通信数据帧格式

起始位：位于帧的开头，只占一位，只取低电平“0”，用于向接收设备表示发送端开始发送一帧信息。因为在没有数据传送时传输线呈高电平“1”，所以当接收端检测到由高到低的一位跳变信号（起始位）后，就开始准备接收数据位信号。

数据位：紧跟在起始位之后，用户根据情况可取 5 位、6 位、7 位、8 位，低位在前，高位在后。若所传数据位 ASCII 字符，则常取 7 位。图 11-6a 所示为 8 位。具体的数据由收发双方事先约定好。

奇偶校验位：位于数据位后，仅占一位，用于对数据检错。关于奇偶校验的方法随后介绍。

停止位：位于一帧的最后，为高电平“1”，通常可取 1 位、1.5 位或 2 位，用于向接收端表示一帧信息已发送完毕，也为发送下一个字符作准备。

异步通信时数据帧是一帧一帧地传送，帧与帧之间间隙不固定，间隙处用空闲位（高电平）填补，图 11-6b 中有 3 个空闲位。信息传输可随时或不间断地进行，不受时间限制。

2）波特率。串行通信是按位传送的，每位数据的宽度（持续时间）由数据传送的速率确定。波特率即数据传送的速率，定义为每秒传送二进制的位数，单位 bit/s。例如，数据传送的速率是 120 字符/s，而每个字符如包含 10 位数，则波特率为 1200bit/s。

3）奇偶校验的方法。串行通信的关键不仅是能传输信息，还要能正确地传输信息。但是串行通信的距离一般较长，传输线路易受干扰，容易出错。因此，检错纠错成为一个重要的问题。在检查出错误后进行错误纠正所要求的技术高，设备复杂，一般场合很少采用。大

多数情况下采用的方法是，在接收端发现错误后接收端向发送端发送一个信息，要求把刚才发送的信息重发。由于干扰一般是突发性的，重发一次可能就是正确的了。检错的方法很多，最为简单、应用最多的是奇偶校验法。

MCS—51 系列单片机中 PSW 的奇偶位 P，在每个指令周期都由硬件自动置位或清除，以表示累加器 A 中 1 的个数的奇偶性。若 A 中 1 的个数为奇数，则（P）＝1；若 A 中 1 的个数为偶数，则（P）＝0。如果在串行通信时，把 A 中的值（要发送的数据）和 P 的值（代表所发送数据的奇偶性）一起发送，那么接收端接收到数据后，也对接收到的数据进行一次奇偶校验。如果校验的结果与发送时相符（校验后（P）＝0，而发送过来的校验位数据也等于 0；或者校验后（P）＝1，而发送过来的校验位数据也等于 1），就认为接收到的数据是正确的。反之，如果对数据校验的结果与接收到的校验位数据不相符，就认为接收到的数据是错误的。

奇偶校验检错对数据位正确而校验位受到干扰出错，以及多位数据受到干扰出错而奇偶性不变的情况无能为力。但统计表明，出现这两种错误的情况并不多见，通常情况下奇偶校验方法已能满足要求，因此，单片机通信中最常用的检错方法就是奇偶校验法。

异步通信的优点是所需设备简单、发送时间灵活。但由于异步通信每帧均需起始位、校验位和停止位等附加位，真正有用的信息只占全部传输信息的一部份，因而降低了有效数据的传输效率。

2. 同步通信方式

同步通信是以多个字符组成的数据串为传输单位来进行数据传送，数据串长度固定，每个字符不再单独附加起始位和停止位，而是在数据串开始处用同步字符表示数据串传送开始，由时钟来实现发送端与接收端之间的同步。这种通信方式传输速度高于异步通信方式，但硬件复杂。由于 MCS—51 系列单片机中没有同步串行通信方式，所以这里不作详细介绍。

二、串行通信中数据的传送方向

串行通信中，数据的传送方向分为 3 种方式。

1）单工方式。在单工方式下，同心双方之间只有一条传输线，数据只允许由发送方向接收方单向传送，如图 11-7a 所示。

2）半双工方式。在半双工方式下，同心双方之间也只有一条传输线，如图 11-7b 所示，双方都可以接收和发送，但同一时刻只能一方发另一方收。

3）全双工方式。在全双工方式下，通信双方之间有两根传输线，如图 11-7c 所示，这样双方之间发送和接收可以同时进行，互不相关。当然，这时通信双方的发送器和接收器也是独立的，可以同时工作。

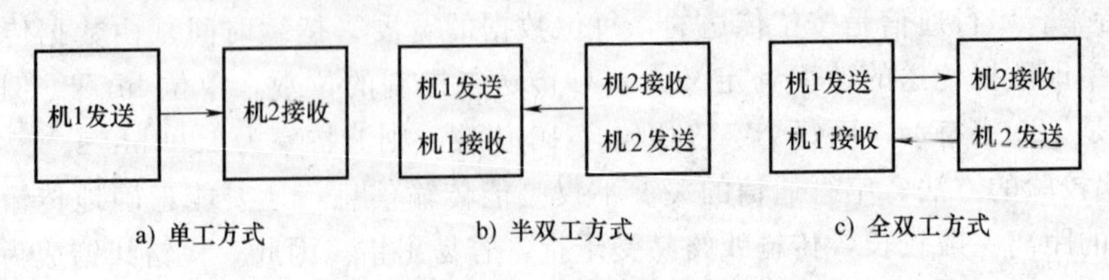

图 11-7　串行通信数据传送方向

项目测试

1. 与串行口有关的特殊功能寄存器有哪些？

2. 在单片机串行通信中，通常使用 TI 作为串行波特率发生器，此时 TI 应选择哪种工作方式？

3. 当数据位为 6 位时，数据帧有多少位？如果数据位为 7 位呢？

4. 如何将接收到的数据由 SBUF 送入累加器 A？如何将累加器 A 中的数据送入发送 SBUF？

5. 什么是全双工方式？

项目评估

项目评估表

评价项目	评价内容	配分/分	评价标准	得分
硬件电路	电子电路基础知识	20	掌握单片机芯片对应引脚的名称、序号、功能　5 分	
			掌握单片机最小系统原理分析　10 分	
			认识电路中各元器件功能及型号　5 分	
焊接工艺	元器件整形、插装	5	按照原理图及元器件焊接尺寸正确整形、安装	
	焊接	5	符合焊接工艺标准	
程序编制、调试、运行	指令学习	10	正确理解程序中所用指令的意义	
	程序分析、设计	20	能正确分析程序的功能　10 分	
			能根据要求设计功能相似的程序　10 分	
	程序调试与运行	20	程序输入正确　5 分	
			程序编译仿真正确　5 分	
			能修改程序并分析　10 分	
安全文明生产	使用设备和工具	10	正确使用设备及工具	
团结协作	集体意识	10	各成员分工协作，积极参与	

项目十二　室内温度采集及显示系统

项目目标

通过一个室内温度采集及显示系统，学习 MCS－51 系列单片机与 8 位 A/D 转换器的接口电路，学会应用汇编指令编写 A/D 转换程序的方法，并掌握 CJNE、JC、JNC 等单片机的基本指令。

项目任务

应用 AT89C51 芯片及外围电路，实现对室内温度的采集及显示。

项目分析

本项目利用单片机系统实现对室内温度的采集、显示和上限报警指示。环境温度是连续变化的物理量，而单片机只能识别和处理数字量，因此要利用模数（A/D）转换器将模拟量转换成数字量，再输入单片机。转换成数字量的温度在单片机内部处理后，通过 2 位 LED 数码管显示出来。

温度的采集可以通过温度传感器来实现，设计一个电路，温度的变化改变电路的输出信号（电压信号），将此输出信号经 A/D 转换器芯片 ADC0809 转换成 8 位数字信号，通过单片机芯片的并行口进入单片机进行处理。

项目实施

一、控制电路设计

（一）设计思路

利用集成温度传感器 LM35 或 LM45 组成测温电路，当外界环境温度发生变化时，传感器的输出电压也会发生对应的变化，传感器的输出信号与 ADC0809 的模拟量输入端 IN0 连接，经 A/D 转换后，ADC0809 的输出引脚与 AT89C51 单片机芯片的 P0 口连接。

（二）电路设计

1. 8 路 8 位 A/D 转换器 ADC0809 芯片

ADC0809 可以实现 8 路模拟信号的分时转换，8 路模拟输入通道的选择见表 12-1。3 个地址信号 ADDA、ADDB 和 ADDC 决定是哪一路模拟信号被选中并送到内部 A/D 转换器中进行转换。转换时采用逐位逼近式 A/D 转换器，将模拟量 V_x 转换为数字量。转换完成后

发出转换结束信号 EOC（高电平有效，经反相器后，可向 CPU 发中断请求），表示一次转换结束。此时，CPU 发出一个输出允许命令 OE（高电平有效）表示可以读取数据。

表 12-1　8 路模拟输入通道寻址表

ADDC	ADDB	ADDA	输入通道
0	0	0	IN0
0	0	1	IN1
0	1	0	IN2
:	:	:	:
1	1	1	IN7

ADC0809 的引脚排列如图 12-1 所示，各引脚功能如下：

IN0～IN7：8 个模拟量输入端。

START：启动 A/D 转换。当 START 为高电平时，开始 A/D 转换。

EOC：转换结束后。当 A/D 转换完毕时，此信号可用作 A/D 转换是否完成的查询信号或向 CPU 请求中断的信号。

OE：输出允许信号，或称为 A/D 数据信号。当此信号为高电平时，可从 A/D 转换器中读取数据。

CLK：实时时钟，最高允许值为 640kHz，可通过外接电路提供频率信号，也可由系统 ALE 分频获得。

ALE：地址锁存允许，高电平有效。当 ALE 为高电平时，允许 ADDC、ADDB、ADDA 锁存到通道地址锁存器，并选择对应通道的模拟输入送 A/D 转换器。

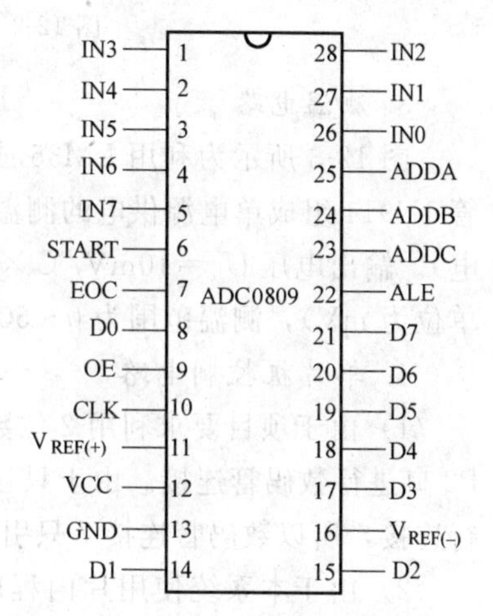

图 12-1　ADC0809 引脚排列图

ADDA、ADDB、ADDC：通道地址输入，C 为最高位，A 为最低位。

D0～D7：数字量输出。

$V_{REF(+)}$、$V_{REF(-)}$：正、负参考电压，用来提供 D/A 转换器的基准参考电压。一般 $V_{REF(+)}$ 接＋5V，$V_{REF(-)}$ 接地。

VCC、GND：电源电压 VCC 接＋5V，GND 接地。

2. AT89C51 与 ADC0809 接口电路

如图 12-2 所示，系统中的 ADC0809 转换器的片选信号接 P2.7，其通道地址 IN0～IN7 分别为 7FF8H～7FFFH。当 AT89C51 产生写信号 $\overline{WR}$ 时，由一个或非门产生转换器的启动信号 START 和地址锁存信号 ALE（高电平有效），同时将通道地址 ADDA、ADDB、ADDC 送地址总线，模拟量通过被选中的通道送到 A/D 转换器，并在 START 下降沿开始逐位转换。当转换结束时，转换结束信号 EOC 变高电平，经反相器向 CPU 发中断请求，也可采用查询方式实现。当 AT89C51 产生读信号 $\overline{RD}$ 时，则由一个或非门产生 OE 输出信号（高电平有效），使 A/D 转换结果读入 AT89C51。ADC0809 转换器所需时钟信号可以由 AT89C51 的 ALE 信号分频获得。

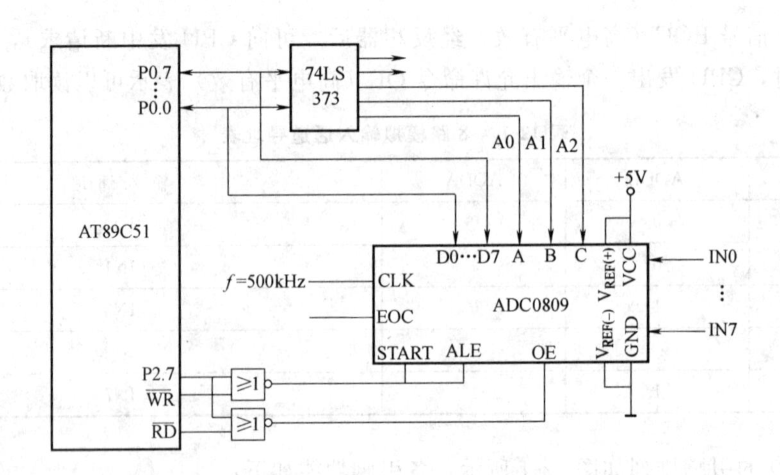

图 12-2 AT89C51 与 ADC0809 转换器接口电路

3. 测温电路

图 12-3 所示为利用 LM35 或 LM45 温度传感器及二极管 1N914 组成单电源供电的测温电路（一般需正负电源供电）。输出电压 $U_o = 10\text{mV/℃} \times t$（$t$ 为测量温度值，电压单位为 mV），测温范围为 0～50℃。

+V_{CC}

LM35
LM45

+
V_o
−

IN914
18kΩ

图 12-3 利用温度传感器测温电路

4. 单片机控制电路

1）由于项目要求利用 2 位数码管显示温度，故在 P1、P2 口进行数码管连接。由于只显示整数位，小数点可不进行连接，所以数码管连接 7 只引脚即可。

2）由于本系统使用片内程序存储器，故$\overline{\text{EA}}$引脚接高电平即可。

综上所述，要实现单片机的温度采集及显示，控制电路如图 12-4 所示。

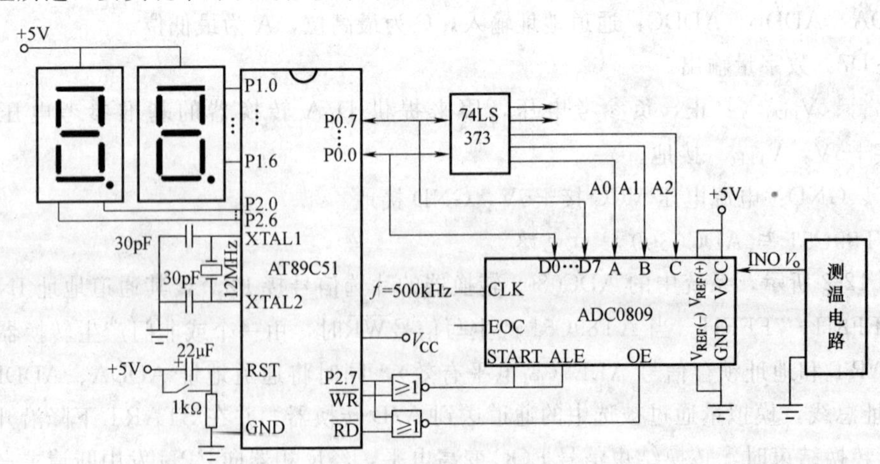

图 12-4 单片机温度采集及显示电路图

（三）材料表

通过分析项目要求和原理图可以得到实现本项目所需的元器件，元器件参数见表 12-2。

表 12-2　元器件清单

序号	元器件名称	元器件型号	元器件数量	备注
1	单片机芯片	AT89C51	1 片	DIP 封装
2	8 位 A/D 转换器	ADC0809	1 片	DIP 封装
3	数据锁存器	74LS373	1 片	DIP 封装
4	二极管	IN914	1 只	
5	温度传感器	LM35	1 个	
6	七段数码管		2 个	共阳型
7	晶振	12MHz	1 只	
8	电容	30pF	2 只	瓷片电容
		22μF	1 只	电解电容
9	电阻	18kΩ	1 只	碳膜电阻
		10kΩ	1 只	碳膜电阻
10	按键		1 只	无自锁
			1 只	带自锁
11	40 脚 IC 座		1 片	用于安装单片机芯片
12	20 脚 IC 座		1 片	用于安装锁存器芯片
13	28 脚 IC 座		1 片	用于安装 ADC0809 芯片
14	导线			

二、控制程序的编写

（一）绘制程序流程图

本控制使用简单分支程序设计实现，程序结构流程图如图 12-5 所示。

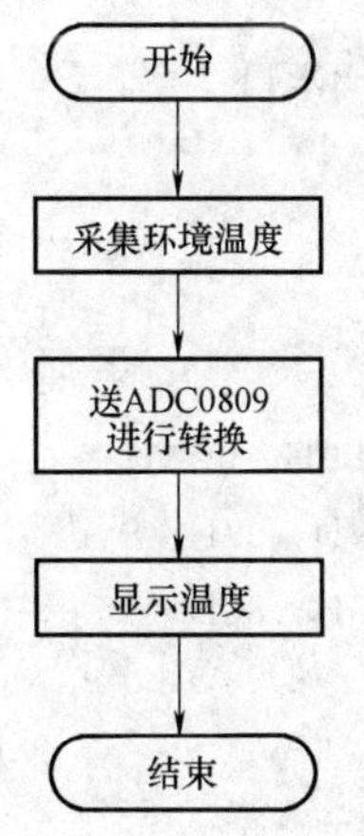

图 12-5　温度采集控制程序流程图

（二）编制汇编源程序

1. 参考程序清单

标号	操作码	操作数	指令功能（注释）
	ORG	0000H	；伪指令，指明程序从 0000H 单元开始存放
	LJMP	MAIN13	；控制程序跳转到“MAIN13”处执行
	ORG	0D00H	；主程序从 0D00H 单元开始
MAIN13：	MOV	SP，#50H	；设堆栈
	MOV	P2，#0FFH	；设定 P2 口状态
	MOV	A，#81H	；设定 ADC0809 的工作状态
	MOV	DPTR，#0FF23H	；将 ADC0809 地址送入 DPTR 中
	MOVX	@DPTR，A	
	MOV	79H，#00H	；转换后的数据存放在 79H 单元且开机初显 00
LOOP0：	LCALL	DISPLAY	；调显示
	MOV	A，#00H	
	MOV	DPTR，#0FF80H	
	MOVX	@DPTR，A	；选择 ADC0809 的 A 通道
	MOV	R7，#0FFH	
LOOP1：	DJNZ	R7，LOOP1	；等待温度采集及 A/D 转换
	MOVX	A，@DPTR	；读取转换后的数据
	MOV	79H，A	；将采集并转换后的数据存放在 79H 单元
	SJMP	LOOP0	
DISPLAY：	MOV	A，79H	；取要显示的数据
	MOV	B，#10	；将 10 送入寄存器 B 中
	DIV	AB	；进行除法运算，将要显示的数分为十位（存放在 A 中）和个位（存放在 B 中）
	MOV	DPTR，#TAB2	；确定显示段码的首地址
	MOVC	A，@A+DPTR	；取十位数的段码
	MOV	P2，A	；将十位数段码送 P2 口显示
	MOV	A，B	；个位数送 A
	MOVC	A，@A+DPTR	；取个位数的段码
	MOV	P1，A	；将个位数段码送 P1 口显示
	MOV	A，R3	；恢复 A 中的原值
	RET		；返回主程序
	ORG	0E30H	；共阳极段码存放地址
TAB2：	DB	0C0H，0F9H，0A4H	；0、1、2 代码
	DB	0B0H，99H，92H	；3、4、5 代码
	DB	82H，0F8H，80H	；6、7、8 代码
	DB	90H	；9 代码
	END		；程序结束标记

2. 程序执行过程

单片机上电或执行复位操作后，程序自 0000H 单元开始执行。跳转指令“LJMP MAIN13”使程序跳转到主程序（MAIN13）处执行用户程序。

先进行初始状态的设定，设定 ADC0809 的工作状态，然后调初显的数据 00 并显示。显示程序结束后，打开 ADC0809 通道并采集转换后的数据保存至片内的 79H 单元，继续调显示程序。

（三）汇编指令学习

1. 比较转移指令（CJNE）

在单片机的应用中，经常要用到两个或者两个以上数的比较，根据比较结果决定程序的执行情况。在 MCS－51 系列单片机的指令系统中，设定了 4 条比较转移指令，下面对这些指令进行学习。

汇编指令		指令功能
CJNE	A，direct，rel	若（direct）≠（A），则转移到（PC）＋3＋rel 处执行 若（direct）＝（A），则顺序执行下一条指令
CJNE	A，＃data，rel	若（direct）≠data，则转移到（PC）＋3＋rel 处执行 若（direct）＝ data，则顺序执行下一条指令
CJNE	Rn，＃data，rel	若（Rn）≠data，则转移到（PC）＋3＋rel 处执行 若（Rn）＝ data，则顺序执行下一条指令
CJNE	@Ri，＃data，rel	若（(Ri)）≠data，则转移到（PC）＋3＋rel 处执行 若（(Ri)）＝ data，则顺序执行下一条指令

以上指令中第一操作数与第二操作数相比较，如果两数不相等则转移，这种比较实际是两个数相减，即第一操作数减第二操作数，因此会影响进位标志位 C（CY）。当第一操作数大于第二操作数时，（C）＝0，当第一操作数小于第二操作数时，（C）＝1。所以在实际应用时，常把 JC 或者 JNC 指令与 CJNE 指令联合使用。

2. 位控制转移指令（JC、JNC）

汇编指令		指令功能
JC	rel	若（C）＝1，则转移到（PC）＋2＋rel 处执行 若（C）＝0，则顺序执行下一条指令
JNC	rel	若（C）＝0，则转移到（PC）＋2＋rel 处执行 若（C）＝ 1，则顺序执行下一条指令

［**例 12-1**］某生产控制系统，温度上限值和下限值分别存放在片内 RAM 的 40H、41H 单元，实际温度由传感器检测后，经模数转换由 P0 口送到单片机并存放在累加器 A 中。要求：

（1）当实际温度高于上限温度值时，程序转向降温处理程序 JW；

（2）当实际温度低于下限温度值时，程序转向升温处理程序 SW；

（3）当实际温度等于或低于上限温度而等于或高于下限温度时，程序返回继续采集温度。

解：能够满足上述题设的程序段如下：

```
FH:      LCALL    DELAY
         MOV      A, P0
         CJNE     A, 40H, PD1
         AJMP     FH
PD1:     JC       JW
         CJNE     A, 41H, PD2
         AJMP     FH
PD2:     JNC      SW
         AJMP     FH
         ……       ……
JW:      ……       ……
SW:      ……       ……
DELAY:   ……       ……
         END
```

三、程序仿真与调试

1）运行 Keil 并正确输入源程序，以文件名 main13. asm 保存并添加到工程中，重复编译、检查过程直至成功编译如图 12-6 所示。

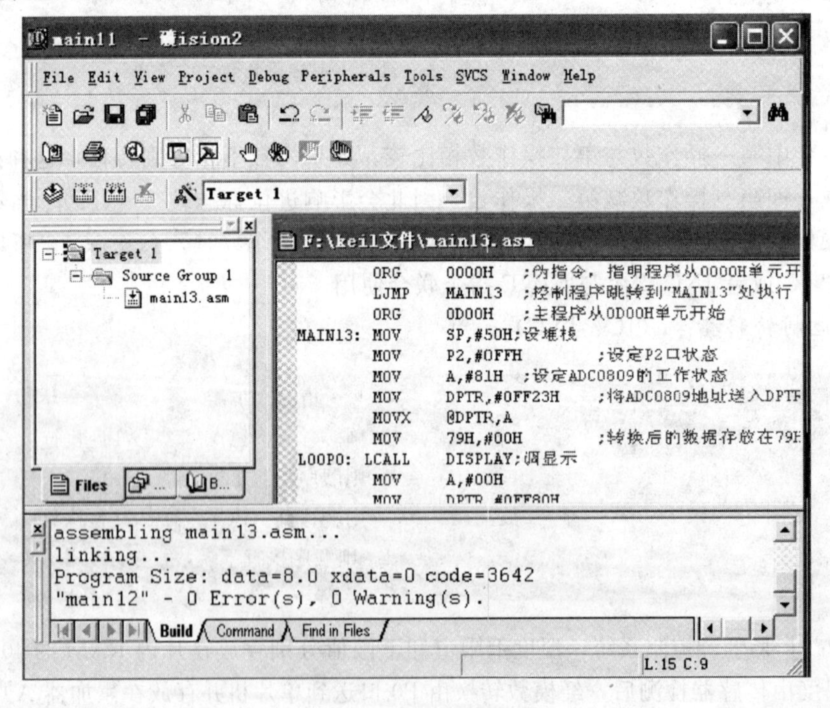

图 12-6 文件保存及编译

2）将编译生成的 main13. hex 文件利用编译器写入单片机芯片，安装到焊接好的电路中，通电后运行程序观察当前室内温度示值。

3）改变环境温度，观察显示的现象。

知识点链接

MCS－51 系列单片机与 8 位 D/A 转换器接口技术

在微机过程控制、数据采集等应用系统中，经常要对一些过程参数进行测量和控制，这些参数往往是连续变化的物理量，如温度、压力、流量、速度、位移等。这里所指的连续变化即数值是随时间连续可变的，通常称这种物理量为模拟量。然而计算机本身所能识别和处理的都是数字量，这些模拟量在进入计算机之前必须转换成二进制数码表示的数字信号。能够把模拟量变成数字量的器件称为模数（A/D）转换器。相反，微机加工处理的结果是数字量，也要转换成模拟量才能去控制相应的设备。能够把数字量变成模拟量的器件称为数模（D/A）转换器。

下面我们将通过介绍一种典型的 D/A 转换芯片 DAC0832，来说明 D/A 转换器与单片机的接口技术。DAC0832 是美国国家半导体公司（NSC）的产品，它能直接与 MCS－51 系列单片机相接，不需要附加任何其他 I/O 接口芯片。DAC0832 采用 CMOS 工艺，是具有 20 个引脚的双列直插式单片 8 位 D/A 转换器。

1. DAC0832 的组成

DAC0832 由 3 部分组成：一个 8 位输入寄存器、一个 8 位 DAC 寄存器和一个 8 位 D/A 转换器，两个可以分别控制的数据寄存器使用时有较大的灵活性，可以根据需要接成多种工作方式。

2. DAC0832 的引脚排列

DAC0832 的引脚排列如图 12-7 所示，各引脚的功能如下：

$\overline{CS}$：片选信号引脚（低电平有效）。

I_{LE}：输入锁存允许信号（高电平有效）。

$\overline{WR1}$：写 1 当$\overline{WR1}$为低电平时，用来将输入数据传送到输入锁存器；当$\overline{WR1}$为高电平时，输入锁存器中的数字被锁存；当 I_{LE} 为高电平时，又必须是$\overline{CS}$和$\overline{WR1}$同时为低电平，才能将锁存器中的数据进行更新。以上三个控制信号构成第一级输入锁存。

$\overline{WR2}$：写 2（低电平有效）。该信号与$\overline{XFER}$配合，可使锁存器中的数据传送到 DAC 寄存器中进行转换。

$\overline{XFER}$：传送控制信号（低电平有效）。$\overline{XFER}$与$\overline{WR2}$配合使用，构成第二级锁存。

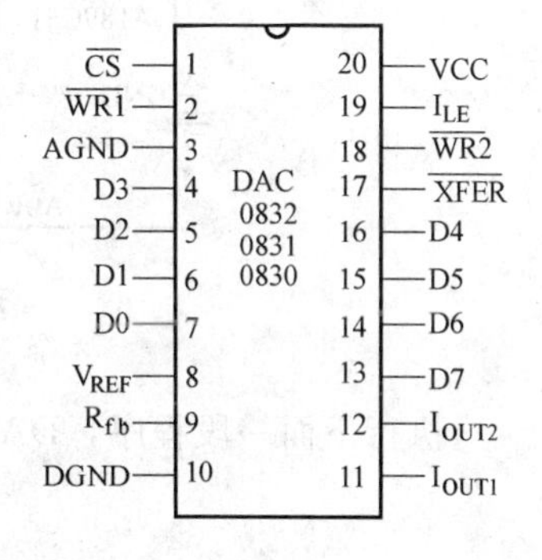

图 12-7　DAC0832 引脚排列

D0～D7：数字输入量。D0 是最低位（LSB），D7 是最高位（MSB）。

I_{OUT1}：DAC 电流输出 1。当 DAC 寄存器为全 1 时，表示 I_{OUT1} 为最大值；当 DAC 寄存器为全 0 时，表示 I_{OUT1} 为 0。

I_{OUT2}：DAC 电流输出 2。I_{OUT2} 为常数减去 I_{OUT1}，或者 $I_{OUT1}+I_{OUT2}=$ 常数。在单极性输出时，I_{OUT2} 通常接地。

R_{fb}：反馈电阻，为外部运算放大器提供一个反馈电压。R_{fb}可由内部提供，也可由外部提供。

V_{REF}：参考电压输入，要求外部接一个精密的电源。当 V_{REF} 为±10V（或±5V）时，可获得正负模拟量输出。

VCC：数字电路供电电压，一般为+5V～+15V。

AGND：模拟地。

DGND：数字地。这是两种不同的地，但在一般情况下，这两个地最后总有一点接在一起，以便提高抗干扰能力。

3. D/A 转换器与单片机接口技术

1）单极性输出。图 12-8 所示为 DAC0832 与 AT89C51 单片机的一种接口电路。在该图中，DAC0832 的输出端连接成单极性输出电路，输入端接成单缓冲型接口电路。它主要应用于只有一路模拟输出或几路模拟量不需要同步输出的场合。这种接口方式将两级寄存器的控制信号并联，输入数据在控制信号作用下直接打入 DAC 寄存器中，并由 D/A 转换器转换成输出电压。图中，I_{LE}接+5V，$\overline{WR1}$和$\overline{WR2}$同时连接到 AT89C51 单片机的$\overline{WR}$端口，$\overline{CS}$和$\overline{XFER}$相连接到地址线 A0，口地址为 00FEH，CPU 对它进行一次写操作，把一个数据直接写入 DAC 寄存器，DAC0832 便输出一个新的模拟量。

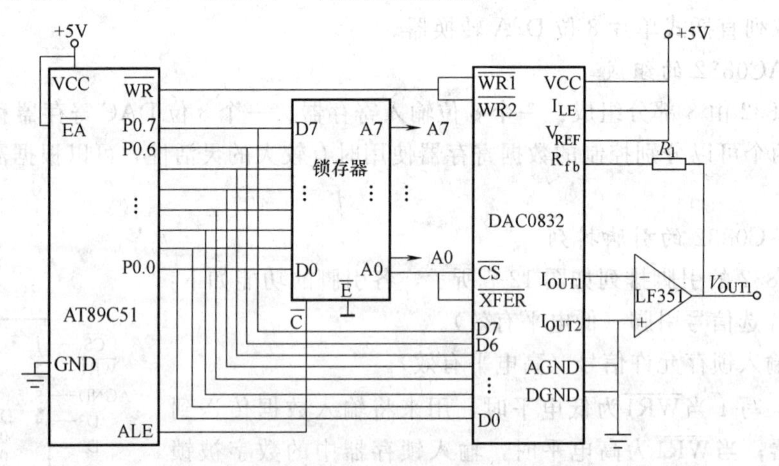

图 12-8 DAC0832 单极性输出接口电路

执行下面一段程序，DAC8032 输出一个新的模拟量：

```
MOV     DPTR，#00FEH
MOV     A，#data
MOVX    @DPTR，A
```

CPU 执行“MOVX @DPTR，A”指令时，便产生写操作，更新了 DAC 寄存器的内容，输出一个新的模拟量。在单极性输出方式下，当引脚 V_{REF} 接+5V（或−5V）时，输出电压范围为 0～−5V（或 0～+5V）。其中数字量与模拟量的转换关系见表 12-3。

表 12-3 单极性输出 D/A 转换关系

输入数字量								
MSB			……				LSB	
1	1	1	1	1	1	1	1	$\pm V_{REF}$（255/256）
1	0	0	0	0	0	1	0	$\pm V_{REF}$（130/256）
1	0	0	0	0	0	0	0	$\pm V_{REF}$（128/256）
0	1	1	1	1	1	1	1	$\pm V_{REF}$（127/256）
0	0	0	0	0	0	0	0	$\pm V_{REF}$（0/256）

2）双极性输出。要 D/A 转换器输出为双极性，只需在图 12-8 的基础上增加一级运算放大器即可，其电路如图 12-8 所示。在图中，运算放大器 A_2 的作用是把运算放大器 A_1 的单向输出电压转变成双向输出。D/A 转换器的总输出电压为

$$V_{OUT2}=-[(R_3/R_2)V_{OUT1}+(R_3/R_1)V_{REF}]$$

代入 R_1、R_2、R_3 的值，可得

$$V_{OUT2}=-(2V_{OUT1}+V_{REF})$$

设 $V_{REF}=+5V$，当 $V_{OUT1}=0V$ 时，$V_{OUT2}=-5V$；当 $V_{OUT1}=-2.5V$ 时，$V_{OUT2}=0V$；当 $V_{OUT1}=-5V$ 时，$V_{OUT2}=+5V$，其 D/A 转换关系见表 12-4。

表 12-4 双极性输出 D/A 转换关系表

输入数字量								模拟量输出	
MSB			……			LSB		$+V_{REF}$	$-V_{REF}$
1	1	1	1	1	1	1	1	$V_{REF}-1LSB$	$-\|V_{REF}\|+1LSB$
1	1	0	0	0	0	0	0	$V_{REF}/2$	$-\|V_{REF}\|/2$
1	0	0	0	0	0	0	0	0	0
0	1	1	1	1	1	1	1	$-1LSB$	$+1LSB$
0	0	1	1	1	1	1	1	$-\|V_{REF}\|/2-1LSB$	$-\|V_{REF}\|/2+1LSB$
0	0	0	0	0	0	0	0	$-\|V_{REF}\|$	$+\|V_{REF}\|$

3）D/A 转换器接口技术应用举例。D/A 转换器在很多应用系统中用来作电压波形发射器。图 12-9 给出了一种双极性电压波形发生器的电路图（图中与 D/A 转换无关的部分未画）。

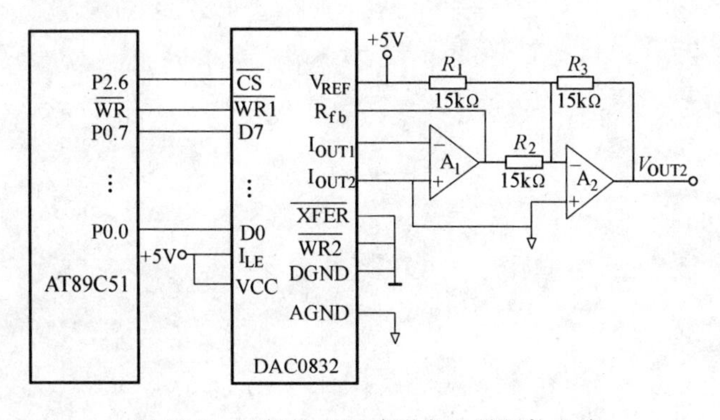

图 12-9 双极性电压波形发生器硬件电路

D/A 转换器输入数据采用单缓冲方式，即$\overline{WR2}$和$\overline{XFER}$控制线与 DGND 一起接地，使第二级锁存器处于常通状态。$\overline{WR1}$与 AT89C51 的$\overline{WR}$连在一起，$\overline{CS}$接 P2.6。当 P2.6=0 时，选通输入寄存器，由于 DAC 锁存器始终处于常通状态，数字量可直接通过 DAC 锁存器，并由 D/A 转换成输出电压。其中两个运算放大器可选用 LF356、OP07 等集成电路，低噪声的运算放大器可选用 OP27 集成电路。只要编写不同的程序，就可产生不同波形的模拟电压。

正向锯齿波程序清单如下：

```
PSW：    MOV     DPTR，#0BFFFH        ；指向 D/A 输入寄存器
DAP0：   MOV     R7，#80H             ；置输出初值
DAP1：   MOV     A，R7                ；数字量送 A
         MOVX    @DPTR，A             ；送 D/A 转换
         INC     R7                   ；修改数字量
         CJNE    R7，#255，DAP1       ；数字量≠255，转 DAP1
         AJMP    DAP0                 ；重复下一个波形
```

其输出电压波形如图 12-10 所示。

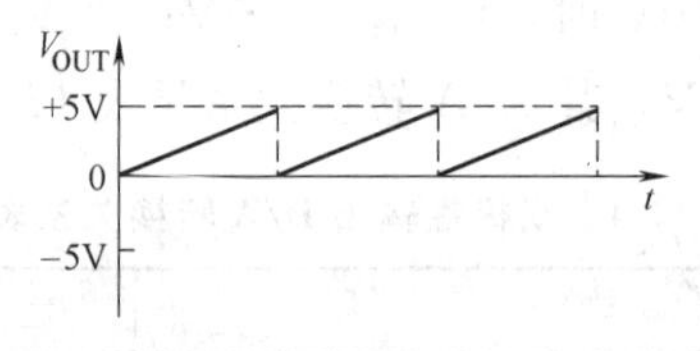

图 12-10　D/A 输出电压波形

项目测试

1. 指令 CJNE 与 JC 或 JNC 结合有哪些应用？

2. 编程实现一模拟量由通道 0 输入，转换成对应的数字量之后存入内部 RAM 的 40H 单元中。

3. 当前有一电路输出电流范围为 4～20mA，设计一个电路并编程，利用 A/D 转换将之变成 0～99 显示。

项目评估

项目评估表

评价项目	评价内容	配分/分	评价标准	得分
硬件电路	电子电路基础知识	20	掌握单片机芯片对应引脚的名称、序号、功能　5分	
			掌握单片机最小系统原理分析　10分	
			认识电路中各元器件功能及型号　5分	
焊接工艺	元器件整形、插装	5	按照原理图及元器件焊接尺寸正确整形、安装	
	焊接	5	符合焊接工艺标准	
程序编制、调试、运行	指令学习	10	正确理解程序中所用指令的意义	
	程序分析、设计	20	能正确分析程序的功能　10分	
			能根据要求设计功能相似的程序　10分	
	程序调试与运行	20	程序输入正确　5分	
			程序编译仿真正确　5分	
			能修改程序并分析　10分	
安全文明生产	使用设备和工具	10	正确使用设备及工具	
团结协作	集体意识	10	各成员分工协作，积极参与	

附　　录

附录 A　MCS－51 系列单片机指令系统所用符号及含义

符　　号	含　　义
Addr11	页面地址
Bit	位地址
Rel	相对偏移量，为 8 位有符号数（补码形式）
Direct	直接地址单元（RAM、SFR、I/O）
#data	立即数
Rn	通用寄存器 R0～R7
(Rn)	通用寄存器的内容
A	累加器
(A)	累加器的内容
Ri	i=0，1，数据指针 R0 或 R1
(Ri)	R0 或 R1 的内容
((Ri))	R0 或 R1 指出的单元内容
X	某一个寄存器
(X)	某一个寄存器的内容
((X))	某一个寄存器指出的单元内容
→	数据传送方向
∧	逻辑与
∨	逻辑或
⊕	逻辑异或
√	对标志产生影响
×	不影响标志
△	$A_{10}A_9A_8 0$
*	$A_{10}A_9A_8 1$
$\overline{(A)}$	对累加器内容取反

附录B MCS－51系列单片机指令表

十六进制代码	助 记 符	功 能	对标志影响				字节数	周期数
			P	OV	AC	CY		
		算 术 运 算 指 令						
28～2F	ADD A，Rn	(A)＋(Rn)→A	√	√	√	√	1	1
25	ADD A，direct	(A)＋(direct)→A	√	√	√	√	2	1
26，27	ADD A，@Ri	(A)＋((Ri))→A	√	√	√	√	1	1
24	ADD A，#data	(A)＋data→A	√	√	√	√	2	1
38～3F	ADDC A，Rn	(A)＋(Rn)＋CY→A	√	√	√	√	1	1
35	ADDC A，direct	(A)＋(direct)＋CY→A	√	√	√	√	2	1
36，37	ADDC A，@Ri	(A)＋((Ri))＋CY→A	√	√	√	√	1	1
34	ADDC A，#data	(A)＋data＋CY→A	√	√	√	√	2	1
98～9F	SUBB A，Rn	(A)－(Rn)－CY→A	√	√	√	√	1	1
95	SUBB A，direct	(A)－(direct)－CY→A	√	√	√	√	2	1
96，97	SUBB A，@Ri	(A)－((Ri))－CY→A	√	√	√	√	1	1
94	SUBB A，#data	(A)－data－CY→A	√	√	√	√	2	1
04	INC A	(A)＋1→A	√	×	×	×	1	1
08～0F	INC Rn	(Rn)＋1→Rn	×	×	×	×	1	1
05	INC direct	(direct)＋1→direct	×	×	×	×	2	1
06，07	INC @Ri	((Ri))＋1→(Ri)	×	×	×	×	1	1
A3	INC DPTR	(DPTR)＋1→(DPTR)					1	2
14	DEC A	(A)－1→A	√	×	×	×	1	1
18～1F	DEC direct	(Rn)－1→Rn	×	×	×	×	1	1
15	DEC @Ri	(direct)－1→direct	×	×	×	×	2	1
16，17	DEC DPTR	((Ri))－1→(Ri)	×	×	×	×	1	1
A4	MUL A B	(A)＊(B)→AB	√	√	×	√	1	4
84	DIV A B	(A)/(B)→AB	√	√	×	√	1	4
D4	DA A	对A进行十进制加法调整	√	√	√	√	1	1
		逻 辑 运 算 指 令						
58～5F	ANL A，Rn	(A)∧(Rn)→A	√	×	×	×	1	1
55	ANL A，direct	(A)∧(direct)→A	√	×	×	×	2	1
56，57	ANL A，@Ri	(A)∧((Ri))→A	√	×	×	×	1	1
54	ANL A，#data	(A)∧data→A	√	×	×	×	2	1
52	ANL direct，A	(direct)∧(A)→direct	×	×	×	×	2	1
53	ORL direct，#data	(direct)∧data→direct	×	×	×	×	3	2

（续）

十六进制代码	助 记 符	功 能	对标志影响				字节数	周期数
			P	OV	AC	CY		
		逻 辑 运 算 指 令						
48～4F	ORL A，Rn	(A) ∨ (Rn) →A	√	×	×	×	3	2
45	ORL A，direct	(A) ∨ (direct) →A	√	×	×	×	1	1
46，47	ORL A，@Ri	(A) ∨ ((Ri)) →A	√	×	×	×	2	1
44	ORL A，# data	(A) ∨ data→A	√	×	×	×	1	1
42	ORL direct，A	(direct) ∨ (A) →direct	×	×	×	×	2	1
43	ORL direct，# data	(direct) ∨ data→direct	×	×	×	×	2	1
68～6F	XRL A，Rn	(A) ⊕ (Rn) →A	√	×	×	×	3	2
65	ORL A，direct	(A) ⊕ (direct) →A	√	×	×	×	1	1
66，67	ORL A，@Ri	(A) ⊕ ((Ri)) →A	√	×	×	×	2	1
64	ORL A，# data	(A) ⊕ data→A	√	×	×	×	1	1
62	ORL direct，A	(direct) ⊕ (A) →direct	×	×	×	×	2	1
63	ORL direct，# data	(direct) ⊕ data→direct	×	×	×	×	2	1
E4	CLR A	0→A	√	×	×	×	3	2
F4	CPL A	$\overline{(A)}$→A	×	×	×	×	1	1
23	RL A	A 循环左移一位	×	×	×	×	1	1
33	RLC A	A 带进制循环左移一位	√	×	×	√	1	1
03	RR A	A 循环右移一位	×	×	×	×	1	1
13	RRC A	A 带进制循环右移一位	√	×	×	√	1	1
C4	SWAP A	A 半字节交换	×	×	×	×	1	1
		数 据 运 算 指 令						
E8～EF	MOV A，Rn	(Rn) →A	√	×	×	×	1	1
E5	MOV A，direct	(direct) →A	√	×	×	×	2	1
E6，E7	MOV A，@Ri	((Ri)) →A	√	×	×	×	1	1
74	MOV A，# data	data→A	√	×	×	×	2	1
F8～FF	MOV Rn，A	(A) →Rn	×	×	×	×	1	1
A8～AF	MOV Rn，direct	(direct) →Rn	×	×	×	×	2	2
78～7F	MOV Rn，# data	(data) →Rn	×	×	×	×	2	1
88～8F	MOV direct，Rn	(Rn) →direct	×	×	×	×	2	1
85	MOV direct1，direct2	(direct2) →direct1	×	×	×	×	2	2
86，87	MOV direct，@Ri	((Ri)) →direct	×	×	×	×	3	2
75	MOV direct，# data	(data) →direct	×	×	×	×	2	2
F6，F7	MOV @Ri，A	(A) → (Ri)	×	×	×	×	3	2

（续）

十六进制代码	助 记 符	功　　能	对标志影响				字节数	周期数
			P	OV	AC	CY		
		数 据 运 算 指 令						
A6，A7	MOV @Ri，direct	（direct）→（Ri）	×	×	×	×	1	1
76，77	MOV @Ri，# data	data→（Ri）	×	×	×	×	2	2
90	MOV DPTR，# DATA16	data16→DPTR	×	×	×	×	2	1
93	MOVC A，@A＋DPTR	((A)＋(DPTR))→A	√	×	×	×	3	2
83	MOVC A，@A＋PC	((A)＋(PC))→A	√	×	×	×	1	2
E2，E3	MOVX A，@Ri	((P2)(Ri))→A	√	×	×	×	1	2
E0	MOVX A，@DPTR	((DPTR))→A	√	×	×	×	1	2
F2，F3	MOVX @Ri，A	（A）→（P2）（Ri）	×	×	×	×	1	2
F0	MOVX @DPTR，A	（A）→（DPTR）	×	×	×	×	1	2
C0	PUSH direct	（SP）＋1→SP（direct）→SP	×	×	×	×	2	2
D0	POP direct	((SP))→direct（SP）－1→SP	×	×	×	×	2	2
C8～CF	XCH A，Rn	（A）↔（Rn）	√	×	×	×	1	1
C5	XCH A，direct	（A）↔（direct）	√	×	×	×	2	1
C6，C7	XCH A，@Ri	（A）↔（（Ri））	√	×	×	×	1	1
D6，D7	XCHD A，@Ri	$(A)_{0\sim3}\leftrightarrow((Ri))_{0\sim3}$	√	×	×	×	1	1
		位 操 作 指 令						
C3	CLR C	0→cy	×	×	×	√	1	1
C2	CLR bit	0→bit	×	×	×		2	1
D3	SETB C	1→cy	×	×	×	√	1	1
D2	SETB bit	1→bit	×	×	×		2	1
B3	CPL C	$\overline{cy}$→cy	×	×	×	√	1	1
B2	CPL bit	$\overline{bit}$→bit	×	×	×		2	1
82	ANL C，bit	（cy）∧（bit）→cy	×	×	×	√	2	2
B0	ANL C，/bit	（cy）∧（$\overline{bit}$）→cy	×	×	×	√	2	2

（续）

十六进制代码	助 记 符	功 能	对标志影响				字节数	周期数
			P	OV	AC	CY		
		位操作指令						
72	ORL C，bit	(cy) ∨ (bit) →cy	×	×	×	√	2	2
A0	ORL C，/bit	(cy) ∨ ($\overline{\text{bit}}$) →cy	×	×	×	√	2	2
A2	MOV C，bit	bit→cy	×	×	×	√	2	1
92	MOV bit，C	cy→bit	×	×	×	×	2	2
		控制移位指令						
*1	ACALL addr11	(PC) +2→PC (SP) +1→SP，$(PC)_L$→ (SP) (SP) +1→SP，$(PC)_H$→ (SP) addr11→$PC_{10\sim0}$	×	×	×	×	2	2
12	LCALL addr16	(PC) +2→PC，(SP) +1→SP $(PC)_L$→ (SP)，(SP) +1→SP $(PC)_H$→ (SP)，addr16→PC	×	×	×	×	3	2
22	RET	((SP)) →PC_H，(SP) −1→SP ((SP)) →PC_L，(SP) −1→SP	×	×	×	×	1	2
32	RETI	((SP)) →PC_H，(SP) −1→SP ((SP)) →PC_L，(SP) −1→SP 从中断返回	×	×	×	×	1	2
△1	AJMP addr11	addr11→$PC_{10\sim0}$	×	×	×	×	2	2
02	LJMP addr16	addr16→PC	×	×	×	×	3	2
80	SJMP rel	(PC) + (rel) →PC	×	×	×	×	2	2
73	JMP @A+DPTR	(A) + (DPTR) →PC	×	×	×	×	1	2
60	JZ rel	(PC) +2→PC 若 (A) = 0，则 (PC) + (rel) →PC	×	×	×	×	2	2
70	JNZ rel	(PC) +2→PC 若 (A) ≠ 0，则 (PC) + (rel) →PC	×	×	×	×	2	2
40	JC rel	(PC) +2→PC 若 cy = 1，则 (PC) + (rel) →PC	×	×	×	×	2	2
50	JNC rel	(PC) +2→PC 若 cy = 0，则 (PC) + (rel) →PC	×	×	×	×	2	2

（续）

十六进制代码	助 记 符	功 能	对标志影响				字节数	周期数
			P	OV	AC	CY		
		控制移位指令						
20	JB bit，rel	(PC) +3→PC 若 bit=1，则 (PC) + (rel) →PC	×	×	×	×	3	2
30	JNB bit，rel	(PC) +3→PC 若 bit=0，则 (PC) + (rel) →PC	×	×	×	×	3	2
10	JBC bit，rel	(PC) +3→PC，若 bit=1，则 0→bit，(PC) + (rel) →PC	×	×	×	×	3	2
B5	CJNE A，direct，rel	(PC) +3→PC，若 (A) ≠ (direct)， 则 (PC) + (rel) →PC 若 (A) < (direct)，则 1→cy	×	×	×	×	3	2
B4	CJNE A，# data，rel	(PC) +3→PC，若 (A) ≠data， 则 (PC) + (rel) →PC 若 (A) <data，则 1→cy	×	×	×	×	3	2
B8～BF	CJNE Rn，# data，rel	(PC) +3→PC，若 (Rn) ≠ data， 则 (PC) + (rel) →PC 若 (Rn) <data，则 1→cy	×	×	×	×	3	2
B6，B7	CJNE @Ri，# data，rel	(PC) +3→PC，若 ((Ri)) ≠ data， 则 (PC) + (rel) →PC 若 ((Ri)) <data，则 1→cy	×	×	×	×	3	2
D8～DF	DJNZ Rn，rel	(PC) +2→PC，(Rn) −1→Rn 若 (Rn) ≠0，则 (PC) + (rel) →PC	×	×	×	×	2	2
D5	DJNZ direct，rel	(PC) +3→PC，(direct) −1 →direct 若 direct ≠ 0，则 (PC) + (rel) →PC	×	×	×	×	3	2
00	NOP	空操作	×	×	×	×	1	1

附录 C　ASCII 码字符表

10 进制	16 进制	控制字符	10 进制	16 进制	控制字符	10 进制	16 进制	控制字符
0	00	NUL	34	22	"	68	44	D
1	01	☺	35	23	#	69	45	E
2	02		36	24	$	70	46	F
3	03	♥	37	25	%	71	47	G
4	04	◆	38	26	&	72	48	H
5	05	♣	39	27	'	73	49	I
6	06	♠	40	28	(	74	4A	J
7	07	Beep	41	29	)	75	4B	K
8	08	BackSpace	42	2A	*	76	4C	L
9	09	Tab	43	2B	+	77	4D	M
10	0A	换行	44	2C	,	78	4E	N
11	0B		45	2D	—	79	4F	O
12	0C		46	2E	.	80	50	P
13	0D	回车	47	2F	/	81	51	Q
14	0E		48	30	0	82	52	R
15	0F		49	31	1	83	53	S
16	10	▸	50	32	2	84	54	T
17	11	◂	51	33	3	85	55	U
18	12	↕	52	34	4	86	56	V
19	13	!!	53	35	5	87	57	W
20	14	¶	54	36	6	88	58	X
21	15	§	55	37	7	89	59	Y
22	16		56	38	8	90	5A	Z
23	17		57	39	9	91	5B	[
24	18	↑	58	3A	:	92	5C	\
25	19	↓	59	3B	;	93	5D	]
26	1A		60	3C	<	94	5E	^
27	1B		61	3D	=	95	5F	_
28	1C	∟	62	3E	>	96	60	`
29	1D	◆	63	3F	?	97	61	a
30	1E	¬	64	40	@	98	62	b
31	1F	¬	65	41	A	99	63	c
32	20	空格	66	42	B	100	64	d
33	21	!	67	43	C	101	65	e

（续）

10进制	16进制	控制字符	10进制	16进制	控制字符	10进制	16进制	控制字符
102	66	f	111	6F	o	120	78	x
103	67	g	112	70	p	121	79	y
104	68	h	113	71	q	122	7A	z
105	69	i	114	72	r	123	7B	{
106	6A	j	115	73	s	124	7C	|
107	6B	k	116	74	t	125	7D	}
108	6C	l	117	75	u	126	7E	～
109	6D	m	118	76	v	127	7F	
110	6E	n	119	77	w			

附录 D　单片机仿真软件 Keil51 的使用

一、工程的建立

启动 Keil 软件的集成开发环境，可以从桌面上直接双击 Keilμ Vision3 的快捷图标以启动该软件。

Keilμ Vision3 启动后，如图 D-1 所示，程序窗口的左边有一个工程管理窗口（Project Workspace），该窗口下方有 3 个标签，分别是 Files、Register 和 Books，这 3 个标签页分别显示当前项目的文件结构、CPU 的寄存器及部分特殊功能寄存器的值（调试时才出现）和所选 CPU 的附加说明文件，第一次启动 Keil，这三个标签页全是空的。

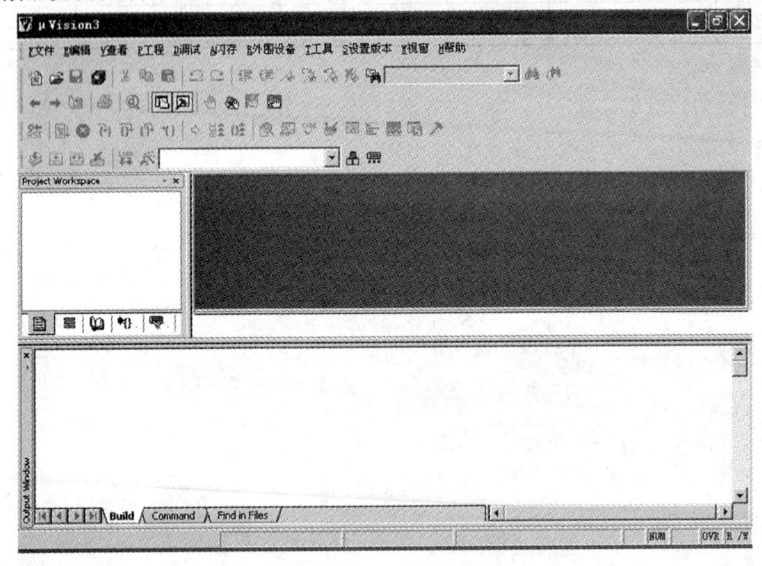

图 D-1　Keilμ Vision3 启动窗口

1. 源文件的建立

［例 D-1］在 Keil 仿真软件中输入以下程序段，并保存该文件（文件名为 1x1.asm）。

```
        ORG     0000H
        LJMP    MAIN
        ORG     0030H
        MOV     A, #0FEH
MAIN:   MOV     P1, A
        RL      A
        LCALL   DELAY
        AJMP    MAIN
DELAY:  MOV     R7, #255
D1:     MOV     R6, #255
        DJNZ    R6, $
        DJNZ    R7, D1
        RET
        END
```

解：使用菜单“F 文件－>新建”或者点击工具栏的新建文件按钮，即可在项目窗口的右侧打开一个新的文本编辑窗口，在该窗口中输入以上汇编语言源程序。输入完成后点击“F 文件－>保存”，在出现的对话框中键入文件名“1x1. asm”即可。

［注意］**源文件就是一般的文本文件，不一定使用 Keil 软件编写，可以使用任意文本编辑器编写，而且 Keil 的编辑器对汉字的支持有限，建议使用 UltraEdit 之类的编辑软件进行源程序的输入。**

2. 建立工程文件

在项目开发中，并不是仅有一个源程序就行了，还要为这个项目选择 CPU 的型号（Keil 支持数百种 CPU，而这些 CPU 的特性并不完全相同），并确定编译、汇编、连接的参数，指定调试的方式。有一些项目还可能由多个文件组成，为管理和使用方便，Keil 使用工程（Project）这一概念，将这些参数设置和所需的所有文件都添加在一个工程中。Keil 只能对工程而不能对单一的源程序进行编译（汇编）和连接等操作，下面我们就一步一步地来建立工程。

点击“P 工程－>NEW 工程”菜单，出现一个对话框，要求给将要新建的工程起一个工程名。在编辑框中输入一个工程名（设为 1x1），不需要扩展名。点击“保存”按钮，出现第二个对话框，如图 D-2 所示，这个对话框要求选择目标 CPU（即我们实际选用的单片机芯片的型号）。

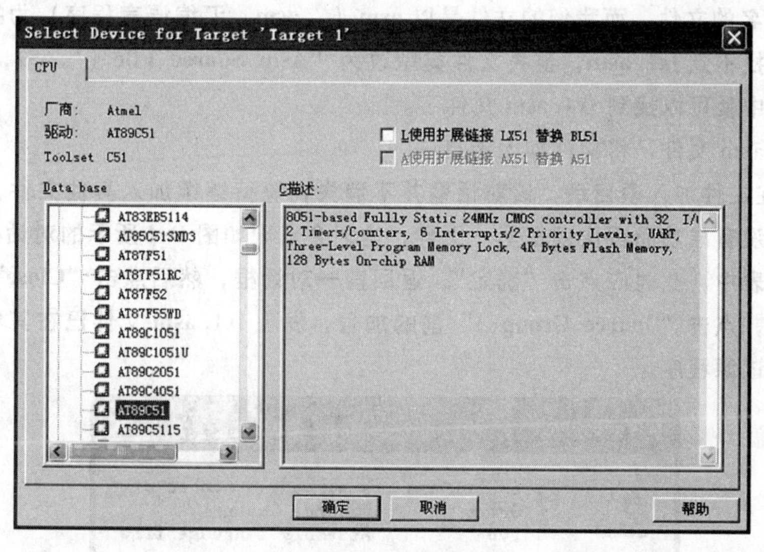

图 D-2　CPU 芯片选择

选择 Atmel 公司的 AT89C51 芯片。点击 Atmel 前面的“＋”号，展开该层，点击其中的 AT89C51，然后再点击“确定”按钮，回到主界面。此时，在工程窗口的文件页中，出现了 Target 1，前面有“＋”号，点击“＋”号展开，可以看到下一层的 SourceGroup1，这时的工程还是一个空的工程，里面什么文件也没有，需要把刚才编写好的源程序加入，点击 SourceGroup1，使其反白显示，然后，点击鼠标右键，出现一个下拉菜单，如图 D-3 所示。

点击对话框中“文件类型”后的下拉列表，找到并选中其中的 Add File to Group

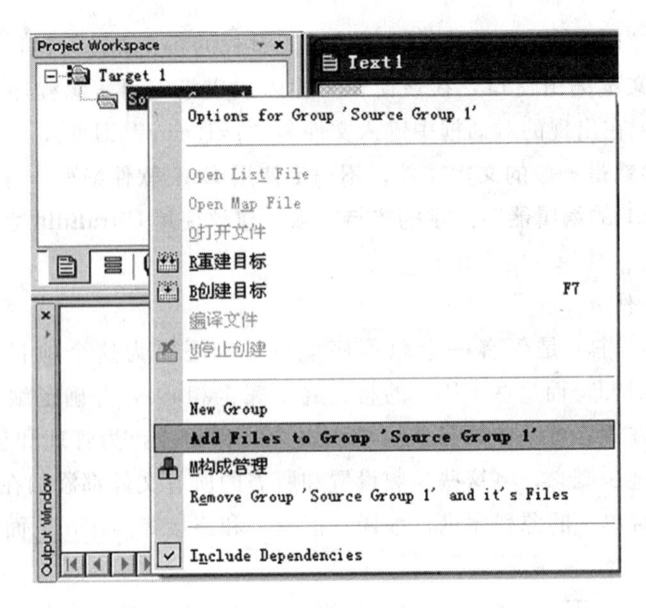

图 D-3　填加工程文件

'Source Group1'，出现一个对话框，要求寻找源文件。

［注意］该对话框下面的“文件类型”默认为 C source file（*.c，C 语言程序），也就是以 C 为扩展名的文件，而我们的文件是以 asm（*.asm，汇编语言程序）为扩展名的，所以在列表框中找不到 lx1.asm，要将文件类型改为“Asm Source File（*.a51，*.asm)”，这样，在列表框中就可以找到 lx1.asm 文件了。

双击 lx1.asm 文件，将文件加入项目中。

［注意］在文件加入项目后，该对话框并不消失，等待继续加入其他文件，但初学者常会误认为操作没有成功而再次双击同一文件，这时会出现如图 D-4 所示的对话框，提示你所选文件已在列表中，此时应点击“确定”，返回前一对话框，然后点击“Close”即可返回主界面。返回后，点击“Source Group 1”前的加号，发现 lx1.asm 文件已在其中。双击文件名，即可打开该源程序。

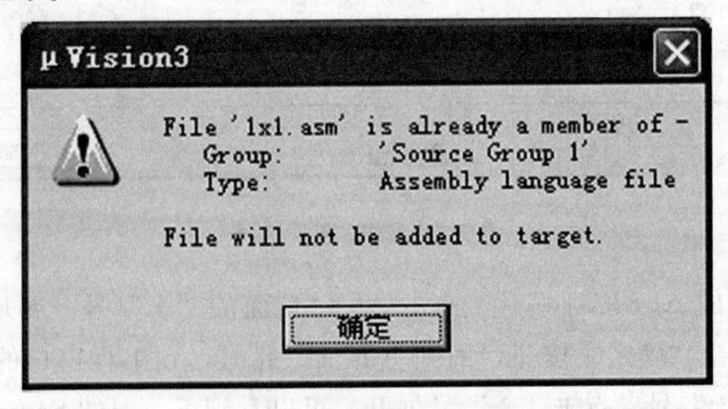

图 D-4　重复加入文件的错误

3. 工程的详细设置

工程建立好以后，还要对工程进行进一步的设置，以满足要求。

首先点击左边 Project 窗口的 Target 1，然后使用菜单“P 工程－>Option for target ‘target1’”或点击鼠标左键，选择“Option for target ‘target1’”，即出现对工程设置的对话框，这个对话框可谓非常复杂，共有 10 个页面，绝大部分设置项取默认值就可以。设置对话框中的 Target 页面，如图 D-5 所示，“X 晶振”右侧的对话框中是晶振频率值，默认值是所选目标 CPU 的最高可用频率值，对于我们所选的 AT89C51 而言是 24MHz，该数值与最终产生的目标代码无关，仅用于软件模拟调试时显示程序执行时间。正确设置该数值可使显示时间与实际所用时间一致，一般将其设置成与你的硬件所用晶振频率相同，如果没必要了解程序执行的时间，也可以不设，这里设置为 12.0。

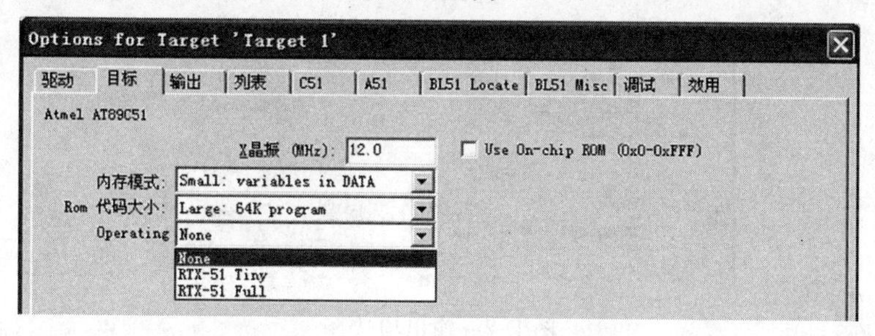

图 D-5 对输出目标进行设置

“内存模式”用于设置 RAM 使用情况，有 3 个选择项：

Small 是所有变量都在单片机的内部 RAM；

Compact 是可以使用一页外部扩展 RAM；

Large 是可以使用全部外部的扩展 RAM。

“Rom 代码大小”用于设置 ROM 空间的使用，同样也有 3 个选择项：

small 模式，只用低于 2KB 的程序空间；

Compact 模式，单个函数的代码量不能超过 2KB，整个程序可以使用 64KB 程序空间；

Large 模式，可用全部 64KB 空间。

“Operating ”项是操作系统选择，Keil 提供了两种操作系统：Rtx－51 Tiny 和 Rtx－51 Full，通常我们不使用任何操作系统，即使用该项的默认值：None（不使用任何操作系统）。

“片外代码内存”选择项，确认是否仅使用片内 ROM（注意：选中该项并不会影响最“片外代码内存”）用以确定系统扩展 ROM 的地址范围。

“片外 xData 内存”组用于确定系统扩展 RAM 的地址范围，这些选择项必须根据所用硬件来决定，由于本例中是单片应用，未进行任何扩展，所以均不重新选择，按默认值设置，如图 D-6 所示。

设置对话框中的输出页面，如图 D-7 所示，这里面也有多个选择项，其中：

“创建 HEX 文件”用于生成可执行代码文件（可以用编程器写入单片机芯片的 HEX 格式文件，文件的扩展名为 . HEX），默认情况下该项未被选中，如果要写片做硬件实验，就必须选中该项）。

选中“D 调试信息”将会产生调试信息，这些信息用于调试，如果需要对程序进行调试，应当选中该项。

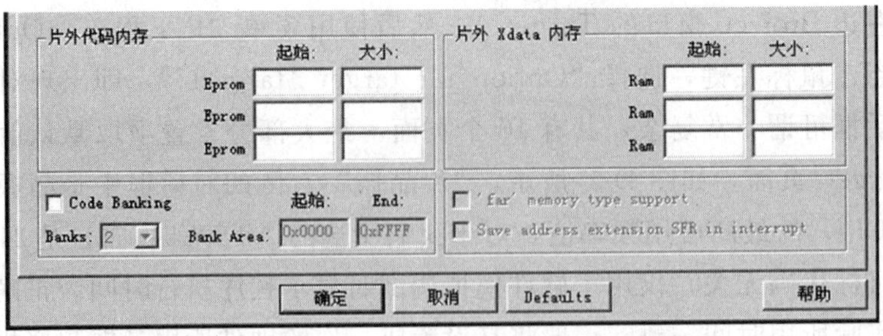

图 D-6 “片外代码内存”与“片外 xData 内存”选项

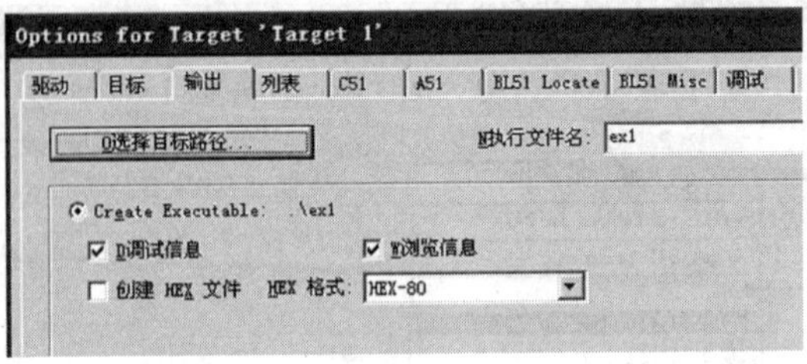

图 D-7 输出项选择

选中“W 浏览信息”将产生浏览信息，该信息可以用菜单 view－>Browse 来查看，这里取默认值。

按钮“O 选择目标路径”是用来选择最终的目标文件所在的文件夹，如图 D-8 示，默认值是与工程文件在同一个文件夹中。

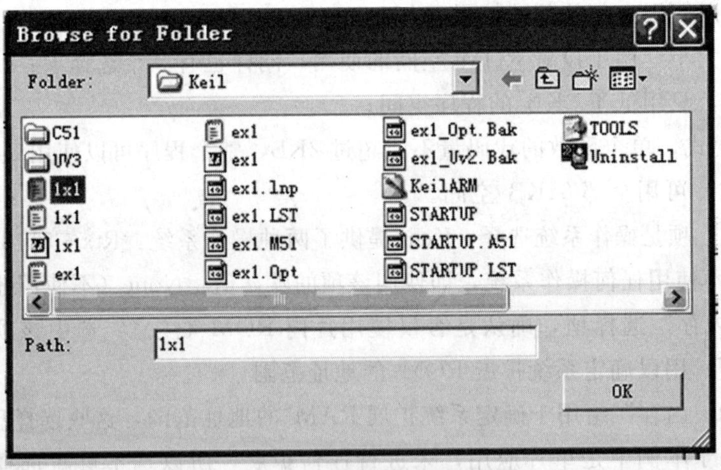

图 D-8 目标文件选择

“N 执行文件名”用于指定最终生成的目标文件的名字，默认与工程的名字相同，这两项一般不需要更改。工程设置对话框中的其他各页面与 C51 编译选项、A51 的汇编选项、BL51 连接器的连接选项等用法有关，均取默认值，不作任何修改。

4. 编译、连接

在设置好工程后，即可进行编译、连接。选择菜单“P 工程－>B 创建目标”，对当前工程进行连接，如果当前文件已修改，软件会先对该文件进行编译，然后再连接以产生目标

代码；如果选择 R 重建全部目标文件，将会对当前工程中的所有文件重新进行编译然后再连接，确保最终生产的目标代码是最新的，而 Translate ...项则仅对该文件进行编译，不进行连接。

以上操作也可以通过工具栏按钮直接进行。图 D-9 所示为有关编译、设置的工具栏按钮，从左到右分别是：编译、编译连接、全部重建、停止编译和对工程进行设置。

图 D-9　有关编译、连接、项目设置的工具条

编译过程中的信息将出现在输出窗口中的 Build 页中，如果源程序中有语法错误，会有错误报告出现，双击该行，可以定位到出错的位置，对源程序反复修改之后，最终会得到如图 D-10 所示的结果，提示获得了名为 ex1. hex 的文件，该文件即可被编程器读入并写到芯片中，同时还产生了一些其他相关的文件，可被用于 Keil 的仿真与调试，这时可以进入下一步调试的工作。

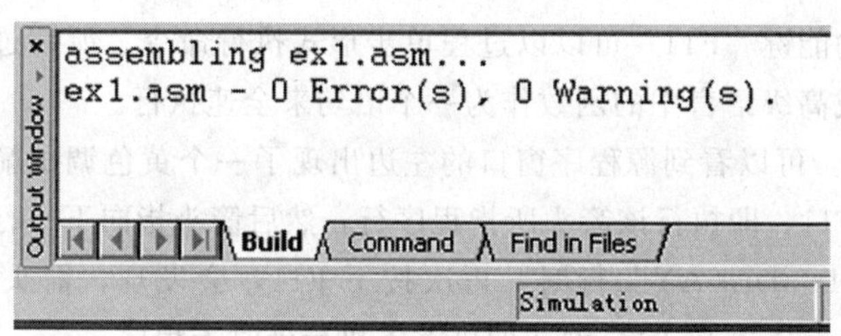

图 D-10　正确编译、连接之后的结果

二、Keil 的调试

前面我们学习了如何建立工程、汇编、连接工程，并获得目标代码，但是做到这一步仅仅代表源程序没有语法错误，至于源程序中是否存在着的其他错误，必须通过调试才能发现并解决。事实上，除了极简单的程序以外，绝大部分的程序都要通过反复调试才能得到正确的结果，因此，调试是软件开发中重要的一个环节。

1. 常用调试命令

在对工程成功地进行汇编、连接以后，按“Ctrl＋F5”或者使用菜单“D 调试－> Start/Stop DebugSession”即可进入调试状态。Keil 内设置了一个仿真 CPU 用来模拟执行程序，该仿真 CPU 功能强大，可以在没有硬件和仿真机的情况下进行程序的调试。不过我们必须明确，模拟毕竟只是模拟，与真实的硬件执行程序肯定还是有区别的，其中最明显的就是时序，软件模拟是不可能和真实的硬件具有相同的时序的，具体的表现就是程序执行的速度和计算机本身有关，计算机性能越好，运行速度越快。

进入调试状态后，界面与编缉状态相比有明显的变化，调试菜单项中原来不能用的命令现在已可以使用了，工具栏会多出一个用于运行和调试的工具条，如图 D-11 所示，调试菜单上的大部分命令可以在此找到对应的快捷按钮，从左到右依次是复位、运行、暂停、单步、过程单步、执行完当前子程序、运行到当前行、下一状态、打开跟踪、观察跟踪、反汇编窗口、观察窗口、代码作用范围分析、1 # 串行窗口、内存窗口、性能分析、逻辑分析窗口、符号标志窗口、工具按钮等命令。

图 D-11　调试工具条

学习程序调试，必须明确两个重要的概念，即单步执行与全速运行。全速执行是指一条指令执行完以后紧接着执行下一条指令，中间不停止，这样程序执行的速度很快，并可以看到该段程序执行的总体效果，即最终结果正确还是错误，但如果程序有错，则难以确定错误出现在哪些程序行。单步执行是每次执行一条指令，执行完该条指令以后即停止，等待命令执行下一条指令，此时可以观察该条指令执行完以后得到的结果，是否与我们写该条指令所想要得到的结果相同，借此可以找到程序中问题所在。程序调试中，这两种运行方式都会用到。

使用菜单“P 单步”或相应的命令按钮或使用快捷键“F10”可以单步执行程序，使用菜单“T 跟踪”或功能键“F11”可以以过程单步形式执行命令。所谓过程单步，是指将汇编语言中的子程序或高级语言中的函数作为一个语句来全速执行。

按下“F11”键，可以看到源程序窗口的左边出现了一个黄色调试箭头，指向源程序的第一行，每按一次 F11，即执行该箭头所指程序行，然后箭头指向下一行，如图 D-12 所示。当箭头指向“LCALL　DELAY”行时，再次按下 F11，会发现，箭头指向了延时子程序“DELAY”的第一行。不断按 F11 键，即可逐条执行延时子程序。

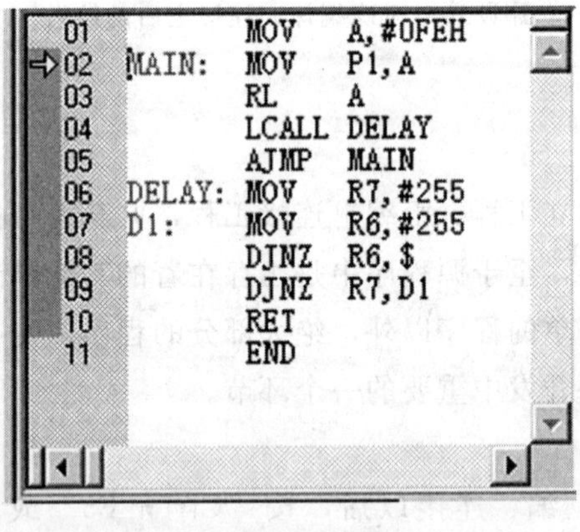

```
01          MOV     A,#0FEH
02  MAIN:   MOV     P1,A
03          RL      A
04          LCALL   DELAY
05          AJMP    MAIN
06  DELAY:  MOV     R7,#255
07  D1:     MOV     R6,#255
08          DJNZ    R6,$
09          DJNZ    R7,D1
10          RET
11          END
```

图 D-12　调试窗口

通过单步执行程序，可以找出一些问题的所在，但是仅依靠单步执行来查错有时是很困难的，或虽能查出错误但效率很低，为此必须辅之以其他的方法。例如本例中的延时程序是通过将“DJNZ　R6，$”这一条程序执行六万多次来达到延时的目的，如果用按“F11”六万多次的方法来执行完该程序行，显然不合适，为此，可以采取以下方法，

方法一：用鼠标在子程序的最后一行（RET）点一下，把光标定位于该行，然后用菜单“D 调试－>C 运行到光标行”，即可全速执行完黄色箭头与光标之间的程序行。

方法二：在进入该子程序后，使用菜单“D 调试－>运行到功能结束”，使用该命令后，即全速执行完调试光标所在的子程序或子函数并指向主程序中的下一行程序（这里是“AJMP MAIN”行）。

方法三：在开始调试时，按 F10 而不是 F11，程序也将单步执行，不同的是，执行到“LCALL　DELAY”行时，按下 F10 键，调试光标不进入子程序的内部，而是全速执行完该子程序，然后直接指向下一行“AJMP LOOP”。

灵活应用这几种方法，可以大大提高查错的效率。

2．断点设置

程序调试时，一些指令必须满足一定的条件才能被执行到（如程序中某变量达到一定的值、按键被按下、串口接收到数据、有中断产生等），这些条件往往是异步发生或难以预先设定的，这类问题使用单步执行的方法是很难调试的，这时就要使用到程序调试中的另一种非常重要的方法——断点设置。

断点设置的方法有多种，常用的是在某一指令行设置断点，设置好断点后可以全速运行程序，一旦执行到该条指令即停止，可在此时观察有关变量值，以确定问题所在。在指令行设置/移除断点的方法有以下几种方法：将光标定位于需要设置断点的指令行，使用菜单“D 调试－＞ 设置/关闭断点”，用鼠标在该行双击也可以实现同样的功能；“D 调试－＞E 设置/关闭断点”是开启或暂停光标所在行的断点功能；“D 调试－＞ A 关闭所有断点”；“D 调试－＞K 删除所有断点”。这些功能也可以用工具条上的快捷按钮进行设置。

除了在某程序行设置断点这一基本方法以外，Keil 软件还提供了多种设置断点的方法，按“D 调试－＞断点”即出现一个对话框，该对话框用于对断点进行详细的设置，如图 D-13 所示。

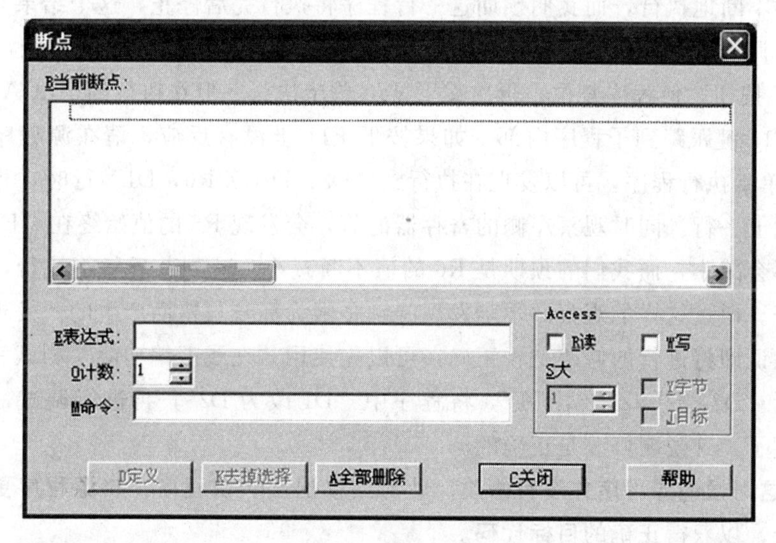

图 D-13　断点的设置

3．实例调试

下面是例 D-1 中的程序，但其中的延时子程序书写方法略有不同，即“DJNZ　R6，$”指令改用标号的形式书写，效果是一样的。在这样书写时，很容易出的一个错误是将 D2 和 D1 混淆，即将“D2：DJNZ R6，D2”后面的 D2 误写成 D1，而将“DJNZ　R7，

D1”后的D1误写成D2。

下面我们就做一下这样的改动，然后重新编译，由于没有语法错误，所以编译时不会报错。

[**例D-2**] 流水灯程序如下，试说明程序调试过程。

```
        ORG     0000H
        LJMP    MAIN
        ORG     0030H
        MOV     A，#0FEH
MAIN：  MOV     P1，A
        RL      A
        LCALL   DELAY
        AJMP    MAIN
DELAY： MOV     R7，#255
D1：    MOV     R6，#255
D2：    DJNZ    R6，D1
        DJNZ    R7，D2
        RET
        END
```

解：进入调试状态后，按F10，以过程单步的形式执行程序。当执行到“LCALL DELAY”行时，程序不能继续往下执行，同时发现调试工具条上的“Halt按钮”变成了红色，说明程序在此不断地执行，而我们预期这一行程序将执行完后停止，这个结果与预期是不同的，可以看出调用的子程序出了差错。为查明出错原因，按“Halt按钮”使程序停止执行，然后按“RST按钮”使程序复位，再次按下F10单步执行。但在执行到“LCALL DELAY”行时，改按F11键跟踪到子程序内部（如果按下F11键没有反应，请在源程序窗口中用鼠标点一下），单步执行程序，可以发现在执行到“D2：DJNZ R6，D1”行时，程序不断地从这一行转移到上一行。同时观察左侧的寄存器的值，会发现R6的值始终在“FFH和FEH”之间变化，不会减小，而我们的预期是R6的值不断减小，减到0后往下执行，因此这个结果与预期不符。通过这样的观察，不难发现问题是因为标号写错而产生的。发现问题即可以修改，为了验证即将进行的修改是否正确，可以先使用“在线汇编功能”测试一下：把光标定位于程序行“D2：DJNZ R6，D1”，将程序中“D1改为D2”，再进行调试，发现程序能够正确地执行了，这说明修改是正确的。

[注意] 这时候的源程序并没有修改，此时应该退出调试程序，将源程序更改过来，并重新编译连接，以获得正确的目标代码。

三、Keil程序调试窗口

前面我们学习了几种常用的程序调试方法，下面将介绍Keil提供的各种窗口（如输出窗口、观察窗口、存储器窗口、反汇编窗口、串行窗口等）的用途，以及这些窗口的使用方法，并通过实例介绍了这些窗口在调试中的使用。

Keil 软件在调试程序时提供了多个窗口，主要包括输出窗口（Output Windows）、观察窗口（Watch&Call Statck Windows）、存储器窗口（Memory Window）、反汇编窗口（DissamblyWindow）和串行窗口（Serial Window）等。

进入调试模式后，可以通过菜单“V 查看”的相应命令打开或关闭这些窗口。

图 D-14 是命令窗口、观察窗口和存储器窗口，各窗口的大小可以使用鼠标调整。进入调试程序后，输出窗口自动切换到 Command 页。该页用于输入调试命令和输出调试信息。

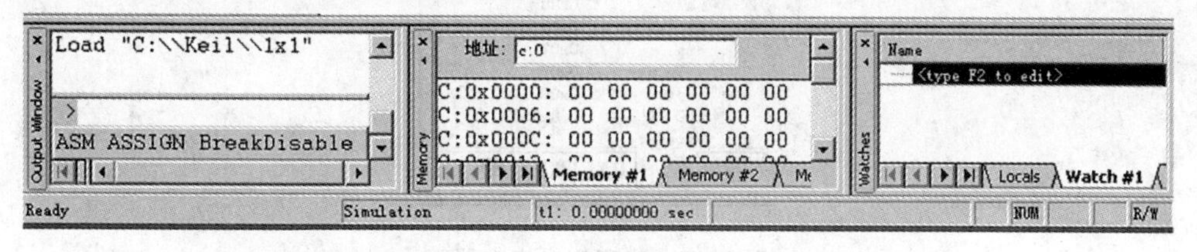

图 D-14 调试窗口（命令窗口、观察窗口、存储器窗口）

1．存储器窗口

存储器窗口中可以显示系统中各存储单元中的值，如图 D-15 所示。通过在 Address 后的编辑框内输入“字母：数字”即可显示相应内存值，其中字母可以是 C、D、I、X，分别代表代码存储空间、直接寻址的片内存储空间、间接寻址的片内存储空间、扩展的外部 RAM 空间，数字代表想要查看的地址。例如输入“D：0”即可观察到地址 0 开始的片内 RAM 单元值。键入“C：0”即可显示从 0 开始的 ROM 单元中的值，即查看程序的二进制代码。该窗口的显示值可以以各种形式显示，如十进制、十六进制、字符型等，改变显示方式的方法是点鼠标右键，在弹出的快捷菜单中选择。

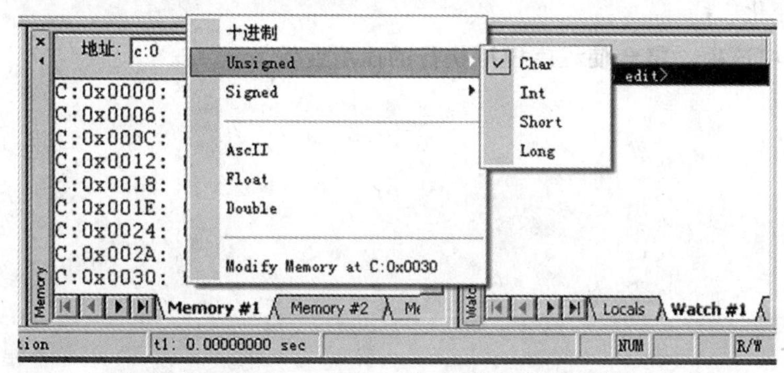

图 D-15 存储器数值各种方式显示选择

2．工程窗口寄存器页

图 D-16 所示为工程窗口寄存器页的内容，寄存器页包括了当前的通用（工作）寄存器组和系统寄存器，系统寄存器组有一些是实际存在的寄存器，如 A、B、DPTR、SP、PSW 等，有一些是实际中并不存在或虽然存在却不能对其操作的，如 PC、Status 等。每当程序中执行到对某寄存器的操作时，该寄存器会以反色（蓝底白字）显示，用鼠标单击然后按下 F2 键，即可修改该值。

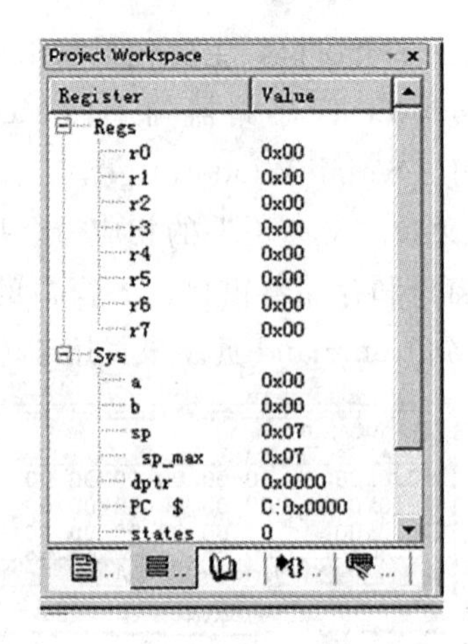

图 D-16　工程窗口寄存器页

3. 观察窗口

观察窗口是很重要的一个窗口，工程窗口中仅可以观察到通用寄存器和有限的寄存器如A、B、DPTR 等，如果需要观察其他的寄存器的值或者在高级语言编程时需要直接观察变量，就要借助于观察窗口了。

一般情况下，我们仅在单步执行时才对变量的值的变化感兴趣，全速运行时，变量的值是不变的，只有在程序停下来之后，才会将这些最新的变化值反映出来。但是，在一些特殊场合下我们也可能需要在全速运行时观察变量的变化，此时可以点击“V 查看－>Periodic Window Updata（周期更新窗口）”，确认该项处于被选中状态，即可在全速运行时动态地观察有关值的变化。

[注意] 选中该项，将会使程序模拟执行的速度变慢。

参 考 文 献

[1] 姜大源，王胜元. 单片机技术 [M]. 北京：高等教育出版社，2005.

[2] 徐新艳. 单片机工程应用 [M]. 北京：高等教育出版社，2005.

[3] 张迎辉，贡雪梅. 单片机实训教程 [M]. 北京：北京大学出版社，2005.

[4] 朱运利. 单片机技术应用 [M]. 北京：机械工业出版社，2005.

[5] 徐煜明，韩雁. 单片机原理及应用教程 [M]. 北京：电子工业出版社，2004.